roches et minéraux de France

Georges SIGWARTH

avec la collaboration

de **Hubert BARI**
et **Pierre FLUCK**

ÉDITIONS S.A.E.P.
68040 INGERSHEIM - COLMAR

Aragonite coralloïde.

ROCHES DE FRANCE

GENERALITES

Qu'appelle-t-on roche ?

On désigne par ce terme tout matériau de l'écorce terrestre présentant sur des surfaces importantes les mêmes caractéristiques d'ensemble. Il en est ainsi du grès, du calcaire oolithique, du granite, roches qui peuvent s'étendre souvent sur plusieurs dizaines de kilomètres.

Les roches sont elles-mêmes constituées d'une ou plusieurs espèces minérales, c'est-à-dire des espèces chimiques bien déterminées, tels le quartz, le calcite, le gypse, les feldspaths.

La science qui s'occupe des roches est appelée pétrographie : son rôle est de décrire les roches, de préciser la nature de ses constituants, d'expliquer leur formation. Celle qui a trait aux minéraux est la minéralogie. Son objet consiste d'abord à les définir chimiquement, puis de préciser leurs propriétés et caractéristiques comme la coloration, la dureté, la forme de cristallisation, ensuite d'élucider leurs origines et leurs transformations. La deuxième partie de ce livre en donnera les bases fondamentales.

Les pétrographes ont été conduits à classer les roches à partir de leurs modes de formation, donc de leurs origines, en trois grands groupes, à savoir les Roches sédimentaires, les Roches magmatiques et les Roches métamorphiques, encore que ces adjectifs ne satisfassent pas tous les géologues. Certains ont proposé que le premier groupe soit désigné par Roches exogènes et les deux suivants par Roches endogènes comme nous le verrons par la suite.

ROCHES SEDIMENTAIRES

Les roches sédimentaires tiennent leur nom au fait que leurs éléments constitutifs se sont déposés au cours des temps géologiques en couches successives formant ainsi des sédiments plus ou moins stratifiés.

Elles se sont donc formées à la surface de la terre - d'où l'autre appellation déjà mentionnée, celle de roches exogènes - et résultent soit du démantèlement de massifs préexistants, donnant par exemple grès et argiles, soit de l'activité d'êtres vivants telle une grande partie des calcaires, soit encore de la précipitation de produits chimiques - le sel gemme, le gypse - ou biochimiques comme certains autres calcaires. Les premières sont encore appelées roches clastiques ou détritiques, tandis que les deux autres forment les roches organo-chimiques.

Le démantèlement des massifs ou des roches qui les constituent a pour origine l'érosion et ses agents mécaniques (vent, pluie, gel et dégel, eaux courantes, mouvements des glaciers, vagues des mers) ou les phénomènes d'altération physico-chimique (dissolution, hydrolyse...) eux-mêmes exacerbés par certains types de climat.

Les matériaux qui en résutent sont ensuite charriés par les rivières et les fleuves dans des lacs ou des mers, ou encore transportés par le vent pour s'accumuler en dépôts qui eux-mêmes subiront une série de transformations (cimentation, recristallisation...) appelée diagénèse faisant de ces sédiments non consolidés des roches cohérentes et compactes.

Présentation des roches sédimentaires

A quoi reconnaît-on d'emblée une roche sédimentaire ? Cette question fait appel à l'ensemble des caractères visibles de cette catégorie de roches.

Par son origine, une roche sédimentaire présente très souvent un aspect lité correspondant aux dépôts successifs. Sur le terrain ces strates sont le plus souvent disposées horizontalement, mais peuvent aussi être redressées jusqu'à la verticale dans les régions qui ont été soumises ultérieurement à des plissements.

Autre signe de reconnaissance : par leur nature exogène, les roches sédimentaires ne présentent jamais de cristaux de refroidissement, tout au plus des cristaux dûs à une lente évaporation du minéral dissous (calcite, sel gemme, gypse...).

Toujours par leur origine, dépôts dans des lacs, des mers, cette catégorie de roches peut renfermer des fossiles, c'est-à-dire des empreintes ou des restes d'animaux ou de plantes. Enfin, la plupart des roches sédimentaires sont homogènes, c'est-à-dire ont la même composition en tous leurs points ; néanmoins certaines peuvent être hétérogènes et présenter des parties dissemblables (conglomérats, brêches...).

Classification des roches sédimentaires

Trois critères fondamentaux permettent de classer les roches sédimentaires, à savoir la genèse, le faciès et la composition chimique.

La genèse : celle-ci, comme on l'a vu, permet de les classer en roches détritiques ou clastiques et en roches organo-chimiques.

Le faciès : sous ce terme il faut comprendre l'aspect de la roche lié à son milieu de dépôt.

On distingue ainsi le faciès des roches marines, des roches lacustres ou lagunaires, des roches continentales.

La composition chimique : du point de vue chimique, les roches sédimentaires se subdivisent en cinq groupes :

- les roches carbonatées, constituées en grande partie de carbonate de calcium, $CaCO_3$ (roches calcaires) auquel peut s'adjoindre du carbonate de magnésium $MgCO_3$ (roches dolomitiques)
- les roches siliceuses, formées essentiellement de silice, SiO_2
- les roches argileuses dans lesquelles domine le silicate d'aluminium hydraté, SiO_2, Al_2O_3, H_2O
- les roches salines ou évaporites, formées de sulfates, de chlorures de métaux alcalins ou alcalino-terreux ($CaSO_4$, NaCl, KCl, $MgCl_2$...) dont le vrai point commun est d'avoir été produits par évaporation
- les roches carbonées dans lesquelles dominent le charbon ou les carbures d'hydrogènes.

ROCHES CARBONATEES

Les roches carbonatées se reconnaissent tout d'abord à leur couleur claire, presque blanche lorsqu'elles sont pures, jaune-ocre voire brune lorsqu'elles renferment des oxydes de fer (limonite) ou grise lorsqu'elles sont mélangées à des argiles, et plus rarement bleutée. Par ailleurs les roches carbonatées sont tendres et sont toujours rayées par l'acier. Enfin dernier et plus important signe de reconnaissance, les roches calcaires (mais non les roches dolomitiques) font effervescence à froid avec l'acide chlorhydrique. Ajoutons que sous l'action de la chaleur, les roches calcaires se transforment en chaux vive avec dégagement de gaz carbonique, et qu'elles sont solubles dans l'eau chargée de ce gaz, environ 2 g. par litre en donnant de l'hydrogénocarbonate de calcium, $Ca(CO_3H)_2$.

Leur classification peut s'établir selon différents critères : lieux de dépôts (lacustre, marin, fluviatile), dimension des grains, structure et texture, importance des fossiles. Nous proposons celle qui est basée sur leurs origines :

Calcaires détritiques :
- Calcaires lithographiques*
- Brêches et poudingues.

Calcaires chimiques et organo-chimiques :
- Calcaires lacustres
- Calcaires oolithique* et pisolitique
- Tufs*
- Stalactites et stalagmites.

Calcaires organo-détritiques :
- Craie*.

Calcaires à organismes ou d'accumulation :
- Calcaires à foraminifères (nummulites*)
- Calcaires coquilliers (cérithes*, cératites*)
- Calcaires à entroques*
- Lumachelles et faluns.

Calcaires construits :
- Calcaires coralliens
- Calcaires à rudistes.

Dolomies ou Dolomites.

* Toutes les roches dont le nom est suivi du signe * font l'objet d'une présentation photographique et d'une étude détaillée dans la partie monographique.

ROCHES SILICEUSES

Formées de silice (SiO_2) sous la forme de quartz, d'opale ou de calcédoine, donc de minéraux très durs et inaltérables, les roches siliceuses rayent le verre et l'acier. C'est la raison pour laquelle elles font feu au choc contre l'acier ou contre une autre roche siliceuse. Elles sont inattaquées par la plupart des acides. Compactes et à grains fins, leur cassure présente des surfaces courbes, lisses et des bords tranchants (outils préhistoriques).

D'après l'origine, la classification des roches siliceuses peut s'établir comme suit :

Roches d'origine détritique :
- Roches meubles : sables, graviers, galets
- Roches cohérentes : grès*, poudingues*, brêches, arkoses*, grauwackes*, cinérites.

Roches d'origine chimique :
- meulière*, silex*

Roches d'origine volcanique :
- radiolarites, diatomites.

ROCHES ARGILEUSES OU ARGILITES

Les roches argileuses constituées chimiquement de silicates d'alumine hydratés - d'où leur autre appellation : roches alumineuses - se reconnaissent facilement aux caractères suivants : ce sont des roches rarement blanches, le plus souvent de couleur grise, ocre, jaune, brune ou verte due à la présence d'oxydes de fer. Elles happent à la langue par suite de leur grand pouvoir d'absorption. Molles, elles gonflent à l'eau en devenant plastiques, et à la cuisson elles durcissent d'où leur utilisation comme briques, tuiles et poteries.

Les principaux représentants sont le kaolin*, les argiles*, les marnes*, les loess*. Tous, à l'exception des derniers, se sont formés par dépôt dans l'eau à la suite de l'altération de roches silicatées tels les granites. Ce sont donc des roches d'origine détritique ou chimique. Voisine des argiles, il y a lieu de citer la bauxite*, plus dure qui résulte de la décomposition de silicates sous climat tropical.

Par induration, argiles et marnes donnent des argiles schisteuses et des calcschistes, roches feuilletées et clivables qui sont encore des roches sédimentaires, mais sous l'influence de pressions et de températures plus élevées, elles se transforment en schistes et autres roches métamorphiques étudiées plus loin.

Les minéraux des roches argileuses sont très divers, les plus communs sont la kaolinite, le montmorillonite, l'illite, l'attapulgite, la chlorite.

ROCHES SALINES

Les roches salines, très différentes les unes des autres quant à leur composition chimique, ont en commun leur genèse. En effet, ces roches se sont formées par évaporation d'une eau renfermant en dissolution divers sels chimiques, d'où leur autre appellation, celle d'évaporites.

De ce fait, les roches salines présentent en général des cristaux - encore qu'il puisse s'agir de recristallisations secondaires - les dépôts se faisant dans l'ordre inverse de leur degré de solubilité. Elles se reconnaissent en outre, à leur aspect blanc ou coloré, à leur saveur plus ou moins salée et à leur faible dureté. Les lieux privilégiés pour la formation des évaporites sont les golfes marins, les lagunes ou certaines mers intérieures.

Les principales roches salines sont des chlorures ou des sulfates de sodium, de potassium, ou de calcium comme le sel gemme (ou halite)*, la sylvinite*, le gypse* et l'anhydrite. Etant donc des minéraux salins, ces roches sont étudiées dans la deuxième partie de ce livre.

ROCHES CARBONEES

Les roches carbonées, encore appelées roches charbonneuses, sont définies par l'abondance du carbone, au moins 60 % - les charbons au sens large du terme - ou de ses composés hydrogénés - les pétroles -. Elles sont d'origine organique et proviennent de l'accumulation de substances végétales ou animales suivie d'une fermentation anaérobie sous l'influence de micro-organismes et éventuellement d'un début de métamorphisme. Les charbons, formés essentiellement de débris végétaux, ont subi au cours des temps géologiques - les plus importants datent de l'ère primaire (carbonifère) - une évolution chimique caractérisée par un enrichissement en carbone, un appauvrissement en matières volatiles ainsi qu'une déshydratation. Suivant la teneur en carbone on distingue l'anthracite (93-98 %), les houilles* (80-93 %), la lignite* (65-80 %) et la tourbe* (55-65 %). Elles sont tendres, rayées par l'acier, de couleur foncée, noire ou brune, légères - la densité est comprise entre 1 et 1,5 - et bien entendu combustibles, le pouvoir calorifique étant d'autant plus grand que la teneur en carbone est élevée.

Les pétroles, quant à eux, sont donc des hydrocarbures renfermant par ailleurs de l'azote, de l'oxygène, du soufre, de l'hélium. Plus ou moins fluides suivant leur constitution chimique, les pétroles sont de couleur brun-verdâtre et d'odeur caractéristiques.

Ils sont issus d'organismes planctoniques, mais aussi de poissons accumulés dans un milieu marin anaérobie ayant subi ensuite une diagénèse biochimique. Puis ils ont migré à travers les vides de roches poreuses pour s'accumuler dans des roches-réservoirs ou roches-magasins.

ROCHES MAGMATIQUES

La connaissance des roches magmatiques et la classification de celles-ci sont bien plus complexes que celles des roches sédimentaires. Alors que pour ces dernières, d'origine exogène comme on l'a vu, le critère de composition chimique permettait aisément leur regroupement et donc l'établissement d'une classification, il n'en sera pas de même avec les roches magmatiques pour lesquelles ce critère chimique passe au second plan, tandis que le mode de formation sera déterminant.

Le seul fait que les roches magmatiques soient encore appelées fréquemment roches endogènes, éruptives, plutoniques ou ignées prouve une certaine ambiguïté dans leur dénomination : aucun des termes n'est en effet absolument exact, et chacun couvre des caractéristiques différentes. Si la majeure partie des roches magmatiques sont endogènes, en ce sens qu'elles ont une origine interne issues qu'elles sont pour la plupart du magma - d'où l'adjectif magmatique -, c'est-à-dire de cette masse en fusion - d'où celui d'ignée - venue des « enfers » où règne suivant la mythologie grecque le dieu Pluton - d'où le terme plutonique - il n'en reste pas moins que d'autres roches qualifiées de magmatiques résultent, comme certains granites, du métamorphisme de roches sédimentaires dont l'origine est exogène. Quant à l'adjectif même d'éruptif, impliquant l'idée d'une éruption volcanique, il est tout aussi inexact, car seule une fraction des roches dites éruptives, telles les basaltes, ont connu ce mode de formation. Dans ce cas on parlera de vulcanites, laissant aux autres celui de plutonites.

Texture des roches magmatiques

Suivant la présentation architecturale des cristaux constituant les roches magmatiques, les géologues ont défini quatre grands groupes de présentation qualifiée de texture.

1) La texture grenue dans laquelle les minéraux, entièrement cristallisés, sont visibles à l'œil nu et possèdent sensiblement la même dimension, celle d'un petit pois.

Exemple, le granite de Nompatelize (fig. 1), un granite calco-alcalin à amphibole et biotite.

Fig. 1 - Granite de Nompatelize : *Texture et composition minéralogique.*

Granite calco-alcalin à amphibole et mica noir.

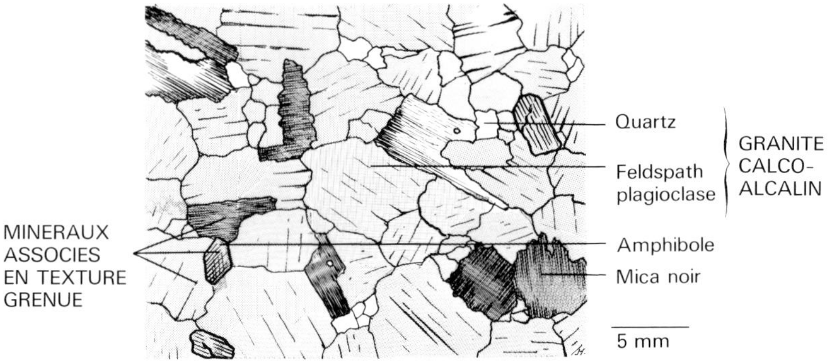

A l'intérieur de ce type on parle de structure pegmatitique lorque les cristaux sont simultanément de grande taille, de structure aplitique lorsque ceux-ci sont à peine visibles à l'œil nu, enfin de structure porphyroïde lorsque les cristaux sont de tailles contrastées.

Exemple, le granite de Senones (fig. 2) ou le granite d'Andlau (photo page 33).

Fig. 2 - Granite de Senones : *Texture et composition chimique.*

Granite porphyroïde calco-alcalin à amphibole et mica noir.

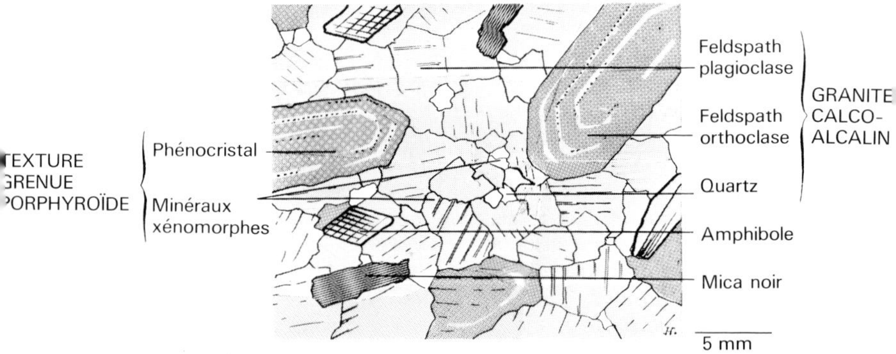

2) La texture microgrenue dans laquelle les cristaux ne sont pas visibles à l'œil nu (texture ophitique), sauf éventuellement quelques phénocristaux (texture porphyrique).

3) La texture microlitique caractérisée par la présence de microlites, c'est-à-dire de cristaux microscopiques, fins et allongés au milieu d'une pâte amorphe, vitreuse (fig. 3).

4) La texture vitreuse : c'est celle du verre, caractérisée par l'absence totale de cristaux.

Tableau n° 1 - **Présentation simplifiée des différents types de texture des roches magmatiques.**

Présentation macro- ou microscopique			Texture et types de roches
Des cristaux	Cristaux de même taille, visibles à l'œil nu		Texture grenue → **Roches grenues**
	Cristaux de taille différente ou invisibles à l'œil nu		
		Petits cristaux parfois allongés, pas de verre	Texture microgrenue → **R. microgrenues**
		Microlites ou/et phéno-cristaux avec ou sans verre	Texture microlitique → **R. microlitiques**
Pas de cristaux Du verre			Texture vitreuse → **R. vitreuses**

Texture, temps de cristallisation et origine des roches magmatiques

La texture n'est en fait que la manifestation visible du mode et de la vitesse de cristallisation des minéraux.

C'est ainsi qu'un refroidissement lent et prolongé du magma permet la formation et le développement des cristaux - ce qui est le cas des roches à texture grenue - alors qu'une consolidation rapide ne le permet pas comme dans les roches à texture vitreuse. Si le refroidissement se fait en deux, voire en plusieurs temps, on obtient génétiquement des roches microlitiques, les microlites résultant d'un début de cristallisation tandis que la pâte est due à une consolidation rapide.

Mais la vitesse de cristallisation est elle-même liée au mode de remontée du magma et à sa mise en place. C'est ainsi que les roches grenues à temps de consolidation prolongée se formeront à la suite d'une lente remontée à partir des profondeurs. Pour cette raison on les appelle encore Roches de profondeur. Ce sont elles qui constitueront essentiellement des massifs de grande dimension d'où l'autre appellation : roches de massifs.

Les roches vitreuses, à un temps de consolidation rapide se sont mises en place lors de remontées brutales du magma, telles qu'elles se produisent au cours d'éruptions volcaniques. Ce seront des roches de coulées ou roches de surface.

Précisons que tous les géologues ne sont pas d'accord avec ces vues, trop théoriques semble-t-il. Le tableau ci-dessous résume d'une façon schématique ces concordances entre texture, mise en place, formes de gisement et types de roches.

Tableau n° 2 - **Concordance à l'intérieur des roches magmatiques.**

Textures	**Temps de consolidation**	**Origine et Formes de gisements**	**Types de roches**
Roches grenues	1 (ou plus)	Roches de profondeur Roches de massif	Plutonites
Roches microgrenues	1 (ou plus)	Roches de semi-profondeur Roches de filons	Périplutonites ou Hypovolcanites
Roches microlitiques	2	Roches de surface Roches de coulées, de nappes, de dômes, d'aiguilles, de filons	Vulcanites ou Roches effusives
Roches vitreuses	I		

Les minéraux des roches magmatiques

L'étude détaillée des minéraux constitutifs des roches magmatiques se fera dans la 2e partie de ce livre : il n'est donc pas question de les traiter ici. Relevons simplement que les plus importants constituants chimiques sont la silice sous forme de quartz, et de silicates divers comme les feldspaths, les micas, les feldspathoïdes, les pyroxènes, les amphiboles, les péridots (olivine), etc.

La classification des roches magmatiques

La classification des roches magmatiques sera basée à la fois sur leur texture et sur la nature des minéraux qui les constituent. La présentation la plus simple et la plus commode consiste donc à dresser un tableau à double entrée, les textures formant des lignes horizontales, tandis que la présence ou l'absence des minéraux s'inscriront dans des colonnes verticales : à leurs croisées figureront donc les noms des principales familles, tandis que par-dessous, dans les compartiments relatifs aux textures sont mentionnés les noms des roches magmatiques les plus communes.

Ajoutons qu'il est encore commode de désigner les roches riches en quartz (granites, rhyolites...), de roches acides, et les roches pauvres en ce minéral de roches basiques (gabbros, basaltes...). La couleur des premiers étant en général très claire, on les désigne aussi de roches leucocrates (leucos = blanc) et les seconds, de couleur sombre, de roches mélanocrates (mélanos = noir). Le tableau de classification indique nettement cette tendance, et cette distinction permettra au débutant, comme on le verra ci-dessous, de classer assez rapidement un échantillon.

Tableau n° 3

Classification des roches magmatiques

Types de roches suivant la texture	MINERAUX						
	Feldspaths alcalins			Feldspaths plagioclases		Ni Quartz ni Feldspaths	
	avec Quartz (excès de silice)	sans Quartz (équilibre ou déficit de silice)		sans Quartz ou Quartz rare (équilibre ou déficit de silice)			
	Micas, ± amphibole		Feldspath-oïdes	Amphibole	Pyroxène	Feld-spathoïdes	sans Feld-spathoïdes
	Famille du Granite	Famille de la Syénite	Famille de la Syénite néphélinique	Famille de la Diorite	Famille du Gabbro	Famille de l'Ijolite	Famille des Péridotites
Roches grenues	Granite* Protogyne* Pegmatite*	Syénite	Syénite néphélinique	Diorite* Corsite*	Gabbro* Euphotide		Lherzolite Harzburgite
R. micro-grenues	Microgranite*	Microsyénite Minette		Microdiorite	Microgabbro Ophite		
R. micro-litiques	Rhyolite*	Trachyte* Domite	Phonolite*	Andésite* Pierre de Volvic*	Basalte*	Néphélinite	Limburgite
Roches vitreuses	Pechstein, Obsidienne, Ponce						
	Roches acides de coloration claire A → B Roches basiques de coloration foncée						

Méthode de détermination

Si la détermination d'une roche magmatique de texture grenue ou microlitique typique est chose relativement aisée, il n'en est pas de même des autres roches magmatiques. L'observation macroscopique devra obligatoirement se poursuivre par l'examen microscopique, en lumière naturelle ou polarisée de l'échantillon rendu transparent par sa réduction en une lame (dite mince) de très faible épaisseur, de l'ordre de quelques centièmes de millimètre. Souvent cet examen devra encore se poursuivre par des analyses chimiques, spectroscopiques et diffractométriques qui, évidemment, ne sont pas à la portée des amateurs.

A ceux-ci nous proposons une méthode, un peu simpliste reconnaissons-le, mais efficace pour la détermination d'échantillons typiques. D'abord le débutant devra être parfaitement familiarisé avec les notions de texture déjà définies et avec la reconnaissance des principaux minéraux en s'aidant des planches en couleurs et des descriptions données dans la deuxième partie de cet ouvrage. Ensuite il utilisera le tableau de classification à deux entrées se trouvant à la page 13. Il aura retenu que l'axe AB de ce tableau défini deux faits : une composition chimique allant du plus acide au plus basique dans le sens de A vers B ce qui se traduit visuellement sur la roche par une coloration allant du plus clair au plus foncé : un granite, une rhyolite sont plus clairs qu'un gabbro ou un basalte. Ainsi, au jugé, il classera la roche plutôt à droite qu'à gauche. Ceci fait, il analysera la texture ce qui lui permettra de cataloguer l'échantillon dans la ligne correspondante.

Ce n'est qu'alors qu'il s'occupera de la détermination des éléments composant la roche, c'est-à-dire des minéraux.

ROCHES METAMORPHIQUES

Soumises par suite de contraintes diverses à des élévations de température et de pression - dont il nous faudra préciser l'origine et l'importance -, les roches aussi bien sédimentaires qu'éruptives vont subir des transformations plus ou moins profondes allant jusqu'à leur complète mutation.

Ce phénomène a reçu le nom de métamorphisme, et les roches qui en résultent sont appelées roches métamorphiques, parfois encore celui de roches cristallophylliennes, encore que cet adjectif ne convienne pas à toutes ces roches.

Successivement nous allons passer en revue les facteurs du métamorphisme, ses origines et types, l'architecture qui en résulte, enfin les principales roches métamorphiques suivant leur nature pétrographique d'origine, tout en précisant que les notions développées ici ne peuvent être que sommaires et mériteraient un développement plus important et parfois plus nuancé.

Facteurs du métamorphisme

Deux facteurs jouent un rôle déterminant dans le phénomène du métamorphisme : la température et la pression. On sait qu'au fur et à mesure que l'on s'enfonce dans la croûte terrestre, la température augmente d'environ un degré tous les 33 mètres, ce qui fait qu'à 20 kilomètres de profondeur, la température est de l'ordre de 600 degrés.

Celle-ci sera à même de modifier à la longue la viscosité des roches et de favoriser des réactions chimiques. Plus important encore est le facteur pression, surtout si à la pression déterminée par la profondeur par suite de l'énorme accumulation de roches sur-jacentes s'ajoute la pression due à des contraintes orogéniques ou autres.

La conjugaison de ces deux facteurs, auxquels il faut ajouter celui de la durée, détermine d'une part des modifications de la structure originelle des roches, mais aussi la recristallisation des minéraux et éventuellement la formation de nouveaux minéraux, soit par apport d'éléments neufs, soit tout simplement et plus généralement à la suite de réactions chimiques.

Ce métamorphisme, on s'en doute, est d'autant plus important que ses facteurs déterminants sont intenses. On distingue ainsi quatre zones d'intensité croissante :

- l'épizone, de faible métamorphisme où la température est inférieure à 500 degrés, domaine des roches riches en éléments hydroxylés, tels le talc, le mica blanc (schistes séricíteux et chloriteux),
- la mésozone, de métamorphisme moyen, de pression et de température plus élevées (650 degrés) dont les minéraux caractéristiques seront la biotite, le disthène, les amphiboles (micaschistes et gneiss à deux micas),
- la catazone, domaine d'un fort métamorphisme (800 degrés) et d'importantes recristallisations avec formation de sillimanite, de pyroxène (gneiss), d'andalousite (micaschistes),
- l'ultrazone, où se forme essentiellement des leptynites à cordiérite et à grenat (la biotite ayant totalement disparu).

Origine et types

En simplifiant, on peut ramener l'origine des phénomènes métamorphiques à deux types fondamentaux :

1) Métamorphisme de contact : lors de la remontée de roches magmatiques (granites intrusifs), il résulte sous la formidable pression d'un magma de température élevée une transformation de la roche encaissante sous forme d'une auréole dont l'épaisseur peut aller de quelques mètres à plusieurs centaines de mètres. Ce métamorphisme est encore appelé métamorphisme thermique ou thermométamorphisme.

Il a été mis en évidence par Rosenbusch en 1877 dans la vallée d'Andlau (Bas-Rhin) dans une série devenue classique : schistes de Villé et de Steige, schistes tachetés, schistes noduleux, cornéenne à andalousite, granite du Hohwald.

2) Métamorphisme général (ou régional). Il est dû à l'enfoncement graduel (pouvant atteindre 5 à 20 kilomètres) de roches sédimentaires qui vont donc être soumises aux conditions de températures et de pression précitées, ainsi qu'à la pénétration de fumerolles et de vapeur d'eau capable de modifier profondément leur composition chimique.

Ce métamorphisme affecte des surfaces considérables, de la dimension de pays tout entier, et les roches vont subir d'importantes déformations tectoniques. C'est pourquoi on parle encore de dynamométamorphisme.

Citons encore, pour être complet, une forme de métamorphisme qui est à la limite de sa définition, le dynamométamorphisme de rupture. C'est celui qui est lié aux contraintes qui ont pour origine le frottement et l'écrasement de roches le long des surfaces de décollement, ou les fractures engendrées par les phénomènes d'orogénèse. Ce métamorphisme qui se produit sans augmentation notable de température, n'intéresse que des surfaces limitées. Les roches à structure cataclastique qui en résultent sont appelées mylonites.

Architecture des roches métamorphiques

Les roches métamorphiques sont aussi désignées - à quelques exceptions près - de roches cristallophylliennes. Si le premier adjectif se rapporte à leur origine, le second par contre s'applique à leur architecture et indique, éthymologiquement, que les roches métamorphiques sont à la fois cristallisées et foliées (phyllos voulant dire feuille).

Effectivement, les contraintes évoquées précédemment n'ont pu qu'altérer le réseau cristallin des minéraux existants et provoquer de nouvelles cristallisations, même si la roche a gardé sa composition chimique initiale. Mais le plus souvent cette recristallisation a permis une recombinaison des éléments chimiques et donc d'être à l'origine de minéraux nouveaux, appelés minéraux de métamorphisme : andalousite, disthène, staurotide, grenat, cordiérite, sillimanite.

Ces mêmes contraintes déterminent un clivage de la roche en feuillets parallèles qui se disposent perpendiculairement à la pression maximale. Ce feuilletage, plus ou moins serré, appelé schistosité, est encore accentué par les minéraux de métamorphisme qui se développent toujours dans le sens de la foliation. Ajoutons que du fait de leur nature chimique différente, ces derniers contribuent à déterminer par leur alternance le litage particulier des roches métamorphiques.

Le dessin ci-dessous (fig. 3) montre bien la double structure, à la fois cristalline et litée d'un gneiss, et fait apparaître l'alternance de lits sombres, riche en biotite et de lits clairs formés de quartz et de feldspath.

Fig. 5 - Gneiss d'Urbeis : *Texture et composition minéralogique.*

Roche cristallophyllienne à texture granoblastique, de composition voisine de celle d'un granite.*

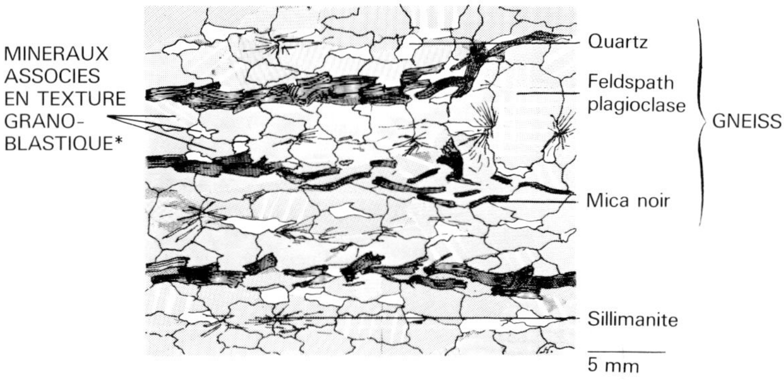

Classification des roches métamorphiques

La classification des roches métamorphiques tient compte à la fois de la composition minéralogique, elle-même issue de celle des roches initiales ou originelles, et de l'intensité du métamorphisme subie. Le tableau 4 à double entrée résume parfaitement ce mode de classification et donne les noms des principales roches métamorphiques.

* On dit qu'une texture est granoblastique lorsque les cristaux sont de tailles sensiblement égales, en grains fortement engrenés, sans orientation préférentielle apparente.

Tableau n° 4 - **Les roches métamorphiques en relation avec les roches initiales et le type de métamorphisme**

ZONES D'INTENSITE METAMORPHIQUE CROISSANTE	ROCHES INITIALES ou ORIGINELLES						
	ROCHES SEDIMENTAIRES				ROCHES MAGMATIQUES		
	Séquence argileuse	Séquence carbonatée	Séquence siliceuse	Séquence carbonée	Séquence granitique	Séquence dioritique	Séquence péridotitique
	Argiles Marnes	Calcaires Dolomies	Sables Grès	Charbons	Granites Rhyolites	Gabbros Diorites	Péridotites
EPIZONE	Schistes . argileux . ardoisiers* . sériciteux* . phylliteux	Marbres* Cipolins*	Quartzites*	Anthracite	Protogyne* Gneiss sériciteux	Schistes verts Schistes chloriteux	Schistes verts Schistes chloriteux* Talcschistes
MESOZONE	Mica-schistes* Gneiss* . à muscovite . à 2 micas	Marbres Mica-schistes calciques	Quartzites micacés	Graphite	Mica-schistes Gneiss à muscovite	Amphibolites	
CATAZONE	Gneiss* . à biotite . à sillimanite . à pyroxène . à andalousite	Marbres Roches calc-silicatées Serpentine	Quartzites à grenat Granulite		Granito-gneiss Gneiss . à biotite . à sillimanite	Gneiss à pyroxène Eclogite	Péridotites . à olivine . à bronzite Serpentinite
ULTRAZONE	Leptynite et gneiss . à grenat . à cordiérite		Leptynites		Orthogneiss Ortho-leptynites		

Galène : groupement de petits cristaux (1 cm), parfois mâclés, de Pontgibaud.
C.M.S.

MINERAUX DE FRANCE

GENERALITES

Le territoire français bénéficie d'une longue tradition minière dont la réputation remonte à l'Antiquité classique. César n'a-t-il pas entamé la guerre des Gaules pour l'or dont regorgeait alors notre pays ? Cette longue tradition s'est soldée par une multitude d'anciens gisements miniers qui peuvent encore être pourvoyeurs en beaux minéraux pour les collectionneurs.

Dans l'histoire même de la science minéralogique, la France a joué un rôle de précurseur avec des savants tels que l'abbé R.J. Haüy (1743-1822), J.B. Rome de L'Isle (1736-1790), A. Lacroix (1863-1948)...

Actuellement, cet héritage important est augmenté des données des nombreuses campagnes d'inventaires des ressources du sous-sol, menées par le Bureau de Recherches Géologiques et Minières et diverses autres sociétés.

Forte de ces siècles d'études et d'exploitations, riche de nombreux massifs anciens favorables à l'existence de filons métallifères, la France présente du coup un patrimoine minéralogique considérable.

Alfred Lacroix a publié au début de ce siècle une synthèse en 6 volumes, plus de 3 000 pages, de ce patrimoine minéralogique français. Si cet ouvrage reste la référence fondamentale, c'est que personne n'a osé se lancer dans une réactualisation en rajoutant les données accumulées ces 70 dernières années, personne n'a osé refaire une « Minéralogie de la France » en 1983.

Les pages qui suivent ne peuvent en aucun cas avoir une telle prétention. Elles sont plutôt destinées à donner quelques « coups de flash » sur un monde vaste, de façon à pouvoir donner à l'amateur débutant une impression d'ensemble.

Ainsi seront présentés les minéraux fondamentaux (une cinquantaine) qu'on classera en fonction des principaux types de gisements qui peuvent se rencontrer sur notre territoire. On passera hélas sous silence des minéraux rares qui font pourtant la joie du collectionneur qui les trouve. On ne citera pas le nom de tant de gisements qui ont fait la notoriété minéralogique de notre pays. Nous pensons par exemple à Romanèche (Saône-et-Loire) et sa célèbre arséniosidérite, à Jas-Roux (Hautes-Alpes) et ses sulfosels à thalium uniques au monde, à l'Ile de Groix (Morbihan) et ses glaucophanes, et à toutes ces occurences uranifères découvertes dans les années 50 et 60 qui ont fait de la France l'un des pays les plus riches au monde en minéraux secondaires d'uranium (Margnac, Haute-Vienne ; Lachoux, Puy-de-Dôme ; Les Bois-Noirs, Forez...).

Le collectionneur qui se munira de ce guide pour effectuer ses premiers pas devra être conscient de ces lacunes, et, s'il veut approfondir ses connaissances de la minéralogie en France, il lui faudra se reporter aux ouvrages cités dans la bibliographie, p. 31.

Portrait d'Alfred Lacroix, père de la Minéralogie de la France.

Les données qui suivent, extrêmement schématisées, permettront au lecteur débutant de saisir quelques généralités sur la minéralogie. Il pourra approfondir ces données en consultant avec profit les deux traités modernes de minéralogie cités page 31 et qui sont ceux de Bariand, Lesbron, Geffroy et d'Aubert, Guillemin, Pierrot.

NATURE DES MINERAUX

Un minéral est un solide naturel cristallisé, de composition chimique parfaitement définie.

Cette définition simple rejette du monde minéral les liquides (sauf le mercure natif), les composés amorphes (sauf le chrysocolle, l'opale) et tout composé cristallisé artificiel directement fabriqué par l'homme.

Les perfectionnements des techniques d'analyses chimiques et d'études radiocristallographiques (étude cristallographique aux rayons X) ont permis d'éliminer des listes de minéraux bon nombre d'espèces qui étaient en réalité des mélanges de deux ou plusieurs minéraux. L'épuration de la nomenclature minéralogique, et les règles actuelles très strictes aboutissant à l'homologation d'un nouveau minéral font que ce règne de la Nature est ramené à moins de 3 000 espèces. C'est bien peu en comparaison du règne animal ou végétal.

Mais le propre des minéraux est de présenter pour une espèce donnée un grand nombre de faciès, des variations de couleur, ou diverses conditions de formation qui compliquent leur détermination. Cette détermination est basée théoriquement sur la connaissance des propriétés propres à chaque espèce et dont les principales sont : la composition chimique, les données cristallographiques, la dureté, la densité, l'éclat, la couleur, les clivages, les propriétés optiques. La plupart de ces propriétés ne sont malheureusement déterminables qu'en laboratoire, au prix de recherches inaccessibles à l'amateur.

Pratiquement, la détermination d'une espèce minérale telle que la réalise un collectionneur ou un minéralogiste de terrain est le fruit d'une démarche très subjective, basée sur la comparaison avec une espèce commune dont l'œil a mémorisé les caractères essentiels. En somme, la détermination est le fruit d'une expérience qu'on ne peut acquérir qu'en visitant inlassablement les collections, les musées, les bourses aux minéraux. On retiendra alors par habitude les divers faciès frappant des minéraux, et on déterminera ses récoltes par simple observation.

Pour le collectionneur, les données telles que la densité, la dureté, le système cristallin... sont ainsi plus des critères de connaissance de l'espèce que de détermination. Voici quelques données schématiques sur ces propriétés.

PROPRIETES CRISTALLOGRAPHIQUES

La nature cristallisée d'un minéral est une notion fondamentale. Les atomes constitutifs d'un minéral ne sont pas en effet disposés de façon quelconque, comme dans un liquide ou dans un verre (solide amorphe), mais de façon ordonnée. Les atomes se plient à cet ordre de façon à ce que l'édifice ainsi constitué atteigne un niveau d'équilibre nécessaire à son existence.

Dans des conditions favorables de croissance, par exemple dans un vide suffisamment grand et où le minéral a pu se former sans être gêné dans son développement, cet état cristallin sera perceptible à l'œil par l'existence d'un solide aux formes géométriques, le cristal. Mais il ne faut pas oublier que les grains de quartz informes dans un granite sont tout aussi cristallisés que le plus beau prisme de quartz extrait d'une géode des Alpes. L'existence d'un cristal qui enthousiasmera le collectionneur, n'est toujours qu'un heureux hasard. La plupart du temps, en effet, les minéraux ne sont que des agrégats de cristaux microscopiques ou sans forme nette. Leur nature cristalline n'est visible bien souvent qu'au microscope ou aux rayons X.

C'est précisément grâce à la propriété des cristaux de diffracter les rayons X que la structure intime des minéraux peut être dévoilée. En 1784, l'abbé Haüy observa qu'en cassant un cristal de calcite, on obtenait des fragments de forme rhomboédrique. Haüy pensa qu'il était possible de continuer l'expérience jusqu'à obtenir le plus petit volume possible respectant toutes les propriétés du minéral. Il appela ce volume de base la « molécule intégrante ». Les rayons X ont montré la justesse de l'intruition de Haüy. Tout minéral peut se ramener à un volume de base, qui contient toutes les propriétés chimiques, physiques et géométriques du minéral. Ce volume est appelé la **maille cristalline**.

Les dimensions de ce volume se mesurent grâce aux rayons X. Elles sont au nombre de 3 : a, b et c, et se placent sur un système de trois axes. Les angles α, β et γ entre ces axes se mesurent également. Les trois longueurs et ces trois angles constituent ce qu'on appelle les 6 paramètres de la maille. Ce sont les caractéristiques fondamentales et invariables d'un minéral.

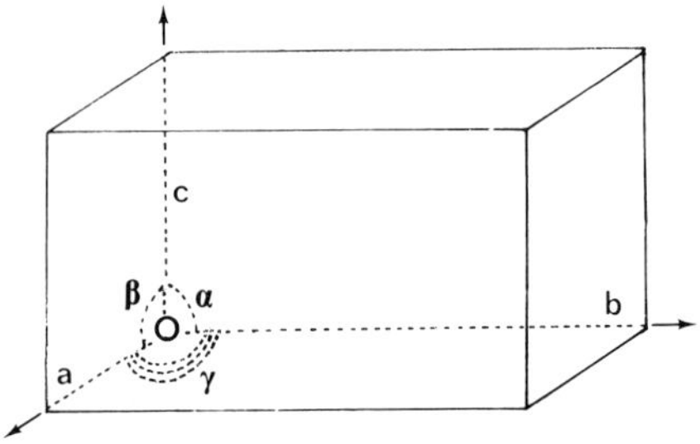

La cristallographie a montré qu'il ne peut exister que sept systèmes cristallographiques dans lesquels les solides peuvent cristalliser. Ce sont les systèmes cubique, quadratique, orthorhombique, rhomboédrique, hexagonal, monoclinique et triclinique.

Tout minéral appartenant au système cubique aura une maille dont les paramètres a, b et c sont égaux, et dont les angles α, β et γ sont tous trois 90°. Sur les 3 000 espèces minérales, 12 % appartiennent à ce système.

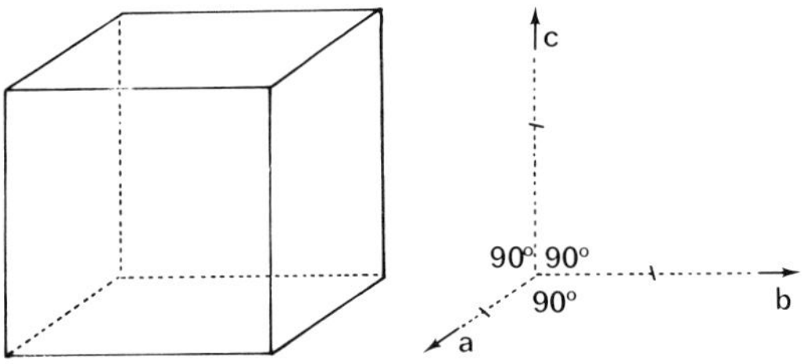

Pour le système quadratique (10 % des espèces), $a = b \neq c$, $\alpha = \beta = \gamma = 90°$.

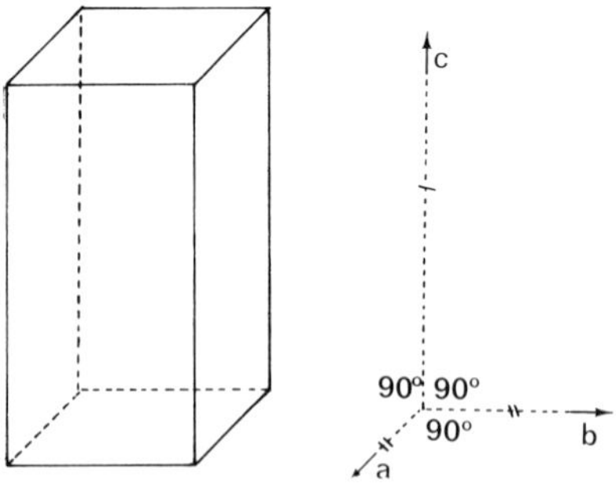

Pour le système orthorhombique (12 % des espèces), $a \neq b \neq c$, $\alpha = \beta = \gamma = 90°$.

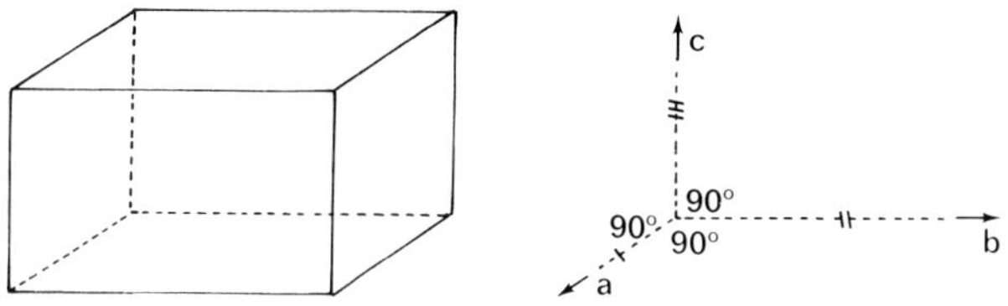

Pour le système rhomboédrique (17 % des espèces), $a = b = c$, $\alpha = \beta = \gamma \neq 90°$.

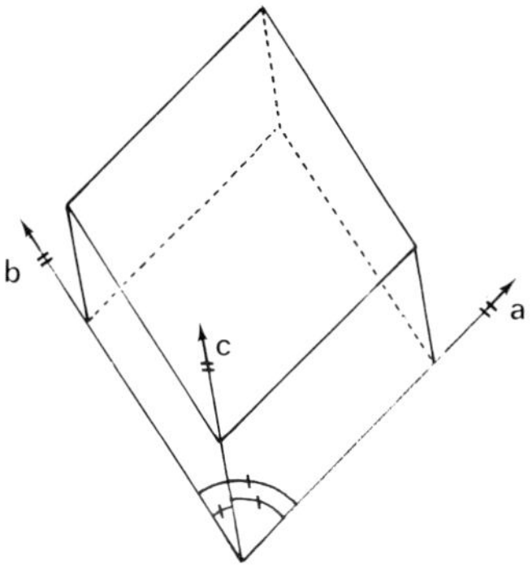

Pour le système hexagonal (17 % des espèces), $a = b \neq c$, $\alpha = \beta = 90°$, $\gamma = 120°$.

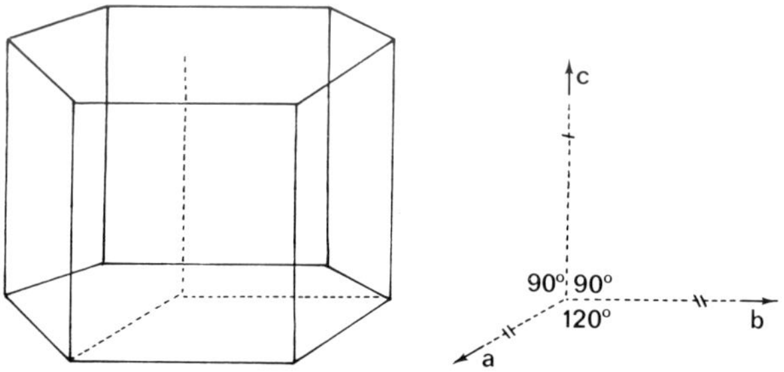

Pour le système monoclinique (32 % des espèces), $a \neq b \neq c$, $\alpha = \gamma = 90°$, $\beta \neq 90°$.

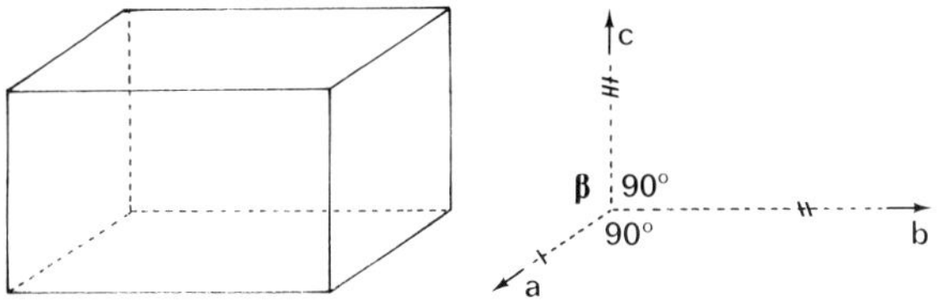

Pour le système triclinique (7 % des espèces), $a \neq b \neq c$, $\alpha \neq \beta \neq \gamma \neq 90°$.

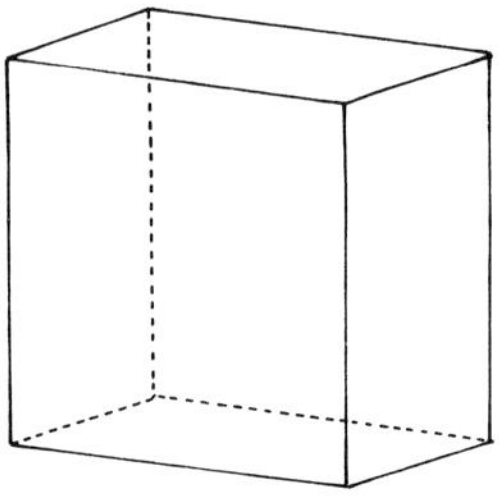

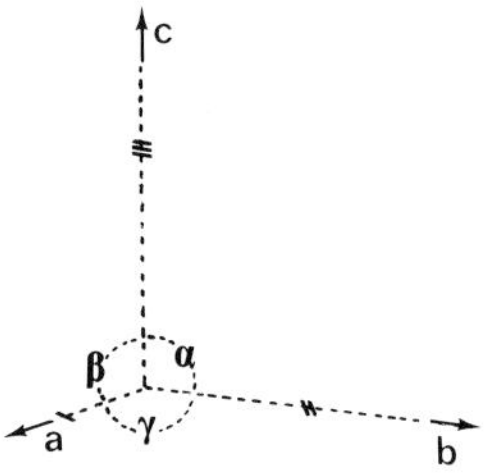

PROPRIETES CHIMIQUES

Un minéral n'est pas seulement caractérisé par ses propriétés cristallographiques. L'autre donnée fondamentale est sa composition chimique. En principe, pour une espèce donnée, elle est constante, quelque soit la provenance. Cependant, beaucoup de minéraux peuvent admettre des variations plus ou moins grandes de leur composition, sans que leur structure cristalline soit modifiée (isomorphisme). Il s'agit alors de remplacements d'un élément chimique par un autre, dont un cas bien connu est constitué par le couple tétraédrite-tennantite. Le premier minéral est un sulfo-antimoniure de cuivre. L'antimoine peut y être plus ou moins entièrement remplacé par de l'arsenic. Si plus de la moitié de l'antimoine y est remplacé, on parle alors de tennantite, sulfo-arséniure de cuivre. Les échantillons trouvés dans la nature présentent presque tous des compositions intermédiaires, les pôles purement antimonifères ou arsénifères étant rares.

Il existe aussi le cas où un même composé chimique peut présenter plusieurs structures cristallines (polymorphisme). Un cas très connu existe sous forme de calcite, minéral rhomboédrique, et d'aragonite, minéral orthorhombique.

PROPRIETES PHYSIQUES

En dehors de sa structure cristalline et de sa composition, un minéral est caractérisé par d'autres propriétés physiques : propriétés optiques, clivage, dureté et densité principalement.

Pour le collectionneur, seules certaines propriétés optiques sont perceptibles et utilisables pour la détermination. Ce sont la couleur et l'éclat. Mais il ne faut pas oublier que, pour beaucoup de minéraux, les couleurs varient selon une palette parfois très large. Les variations sont dues le plus souvent à des impuretés, parfois aussi à des défauts de structure dûs à l'influence de radiations (quartz fumé). L'éclat est parfois un critère important de détermination, selon qu'il est ou non métallique, ou encore vitreux, gras, nacré...

La cassure d'un minéral est également une donnée utile, facile à observer. Elle peut être quelconque, esquilleuse, conchoïdale... Elle peut aussi se faire selon des plans privilégiés, qu'on appelle clivages. Les clivages découlent la plupart du temps de la structure même du minéral.

Dureté et densité ne sont pas mesurables en valeur absolue par l'amateur. Par contre, il lui est possible d'apprécier par rapport à un minéral connu, si l'espèce qu'il cherche à identifier est plus ou moins dense, ou plus ou moins dure.

CLASSIFICATION DES MINERAUX

La classification la plus en vigueur est celle dite « selon Strunz », du nom du minéralogiste allemand qui la porta à son niveau de perfection actuelle. Elle consiste à grouper les espèces en classes, selon la nature de leurs anions :

- éléments natifs,
- sulfures et sulfo-sels,
- halogénures,
- oxydes et hydroxydes,
- carbonates, nitrates, borates, iodates,
- sulfates, chromates, molybdates, tungstates,
- phosphates, arséniates, vanadates,
- silicates.

Ces classes sont divisées en groupes selon des critères cristallographiques ou chimiques. Cette classification cristallochimique est en vigueur dans la plupart des collections du monde.

P. Bariand, F. Cesbron et J. Geffroy ont innové dans leur magistral traité « Les Minéraux » en présentant une classification par élément : minéraux du cuivre, du plomb, de l'uranium... Leur but était de s'éloigner d'une classification très théorique, adressée aux cristallographes, pour proposer une classification établissant une liaison entre la minéralogie et les sciences connexes : la pétrographie, science des roches, et la gîtologie, science des gisements. Beaucoup plus proche d'un homme de terrain, comme le géologue prospecteur par exemple, cette classification évite des associations de minéraux très théoriques, comme beryl et dioptase qui se cotoient dans la classification cristallo-chimique.

Pour les pages qui suivent, nous avons préféré une troisième classification, que l'on pourait qualifier d'« écologique », car encore plus proche de la Nature. Elle associe en effet les minéraux selon leur condition de gisement. Les bases d'une telle classification avaient déjà été jetées par A. de Lapparent (1884), qui distinguait les éléments des roches fondamentales, les éléments des gîtes minéraux, les minéraux métalliques, et les combustibles minéraux. C'est ainsi que nous présentons trois grandes catégories : les minéraux des roches, les minéraux des fentes alpines, si typiques de la minéralogie française, et les filons hydrothermaux.

LES MINERAUX DES ROCHES

Huit éléments seulement : oxygène, silicium, aluminium, fer, calcium, sodium, magnésium et potassium sont présents dans l'écorce terrestre en une teneur moyenne supérieure à 1 %. Avec le titane (0,5 %, ils représentent 99 % de l'écorce terrestre. Le dernier pourcent restant est partagé entre les autres éléments qui sont essentiellement les constituants des gîtes métallifères. Les neuf premiers éléments qu'on vient de citer constituent essentielllement les roches sous forme de silice et silicates dans les roches métamorphiques, éruptives et les pegmatites, ou encore sous forme de carbonates (calcaires, dolomies), silice (grès), halogénures (minéraux des « évaporites »), sulfates (gypse) dans les roches sédimentaires. Les pegmatites sont des formations tout particulièrement intéressantes qui se développent en fin de cristallisation d'un magna. De composition proche de celle de roches plutoniques (granites, diorites...), les pegmatites présentent souvent des cristaux très bien développés (feldspath, quartz), ainsi que de nombreux minéraux à éléments peu fréquents (Li, Be, terres - rares...). Elles sont aussi pourvoyeuses en pierres semi-précieuses (malheureusement quasiment pas en France) : béryl, tourmaline...

LES MINERAUX DES FENTES ALPINES

On désigne sous le nom de « Fentes Alpines » des fractures qui affectent les granites, les gneiss et amphibolites des zones alpines externes (Oisans, Mont-Blanc, Alpes Suisses). Les fluides pneumatolytique et hydrothermaux qui y ont circulé ont déposé des minéraux très caractéristiques : quartz (hyalin ou fumé), fluorine rose, épidote, quelques sulfures... Les fentes alpines de l'Oisans et du Mont-Blanc figurent parmi les plus belles localités du Monde pour la qualité des minéraux fournis.

LES MINERAUX DES FILONS HYDROTHERMAUX

Les filons hydrothermaux constituent classiquement les sources les plus communes de minéraux pour le collectionneur. A la base de l'activité minière classique, ces filons se forment à partir de solutions surtout aqueuses qui circulent dans des fissures en déposant des minéraux à partir des éléments que ces eaux contiennent en solution. Les filons peuvent se classer selon les températures des solutions aqueuses qui les ont formés : filons hypothermaux (300-500°), mésothermaux (150-300°), épithermaux (50-150°), dépôts actuels des sources thermales (inférieurs à 100°).

Nous avons préféré classer nos minéraux des filons selon la nature minéralogique dominante de ces filons, critère plus proche de la Nature. Ainsi avons-nous une subdivision consacrée aux filons hydrothermaux non métalliques, aux filons à fer-manganèse, aux filons métalliques. Ces derniers sont scindés en filons polymétalliques à cuivre-plomb-zinc-argent, association classique et fréquente. Moins bien représentés en France, mais néanmoins passionnants pour les collectionneurs, sont les filons où l'on trouve étain, tungstène, molybdène, or et antimoine.

Tous ces minéraux qui se déposent dans les filons ont à subir à leur affleurement en surface, et sur une épaisseur variable, l'agression des « agents atmosphériques » (oxygène de l'air, eaux de ruissellement...) pour donner naissance au cortège des minéraux d'oxydation. Leurs variétés, leurs couleurs et le particularisme de leur formation justifient qu'on leur consacre une catégorie.

Les classifications dont nous usons pourront étonner le lecteur. Elles ont pour but de mettre un peu ce guide à la portée du collectionneur débutant sur le terrain.

On espère ainsi se faire pardonner l'insuffisance (ou la prétention ?) des pages suivantes qui veulent traiter ce sujet avec moins de 50 minéraux cités.

Hubert BARI

CONSEILS PRATIQUES AUX COLLECTIONNEURS DE ROCHES

La récolte de roches en vue de monter une collection nécessite à la fois un équipement adéquat et un minimum de connaissances pratiques. Voici ce que nous vous proposons.

Equipement

Avant tout un bon marteau de géologue, c'est-à-dire un marteau en acier trempé, de section carrée d'un côté, pointu ou aplati de l'autre, à manche métallique, donc d'une seule pièce. Si vous ne trouvez pas de marteau de ce type, il faudra vous contenter d'un solide marteau emmanché, de poids compris entre 1 000 et 1 500 grammes. Un bon conseil : peignez son manche en rouge : vous le retrouverez plus facilement lorsque vous l'aurez déposé dans l'herbe ou dans une carrière. Vous pouvez aussi le graduer en décimètres et centimètres pour faciliter des mesures rapides.

Il vous faudra ensuite des burins et des ciseaux à froid de différentes tailles suivant le type de roche sur lequel vous travaillerez (n'emmener que l'outil approprié). Complétez l'équipement par un carnet de prise de notes, des crayons de couleur, une loupe, du « sparadrap », une boussole, un mètre pliant, des journaux et une carte de la région (géologique si possible), le tout dans une musette que vous porterez en bandoulière, ou mieux, dans un sac à dos si vous pensez ramener de nombreux échantillons.

Récolte des roches

Lieux de récolte :

Masquées par le sol et sa couverture végétale, il vaut mieux récolter les roches là où elles sont franchement visibles : talus de route, de voie ferrée, fondations d'immeubles, carrières. La prudence est toujours recommandée, et dans la plupart des cas il y a lieu de solliciter l'autorisation d'entrer au propriétaire des lieux.

Prise d'échantillon :

A l'aide du marteau et du burin, détachez un fragment de la roche désirée, et taillez-la dans un format rectangulaire, sensiblement uniforme en vue de votre collection (10/6 cm environ). Ne ramassez pas des morceaux jonchant le sol, car ils sont souvent trop altérés. Enveloppez les échantillons dans du papier journal, de façon à les protéger d'autres roches, après avoir collé un « sparadrap » marqué d'un numéro que vous reportez dans votre carnet avec les indications concernant le lieu de la récolte (avec dessins, croquis éventuels).

Détermination et mise en place de la collection

De retour chez vous, il vous faudra déterminer avec soin les échantillons récoltés.

Ce petit livre vous rendra pour cette tâche déjà de grands services : comparez les caractéristiques des échantillons avec ceux du livre, données par le texte et par l'image. Si vous êtes d'âge scolaire, votre professeur de Sciences naturelles se fera un plaisir de vous aider dans cette détermination. Il existe aussi dans beaucoup de villes, des sociétés savantes, des clubs de minéralogie (souvent dans les Maisons des Jeunes et de la Culture) qui peuvent vous renseigner.

Après détermination, vous pouvez maintenant monter une collection qui, avec le temps, finira par s'enrichir. Finissez si nécessaire la taille de vos échantillons et mettez-les dans des boîtes en cartons (uniformisez les dimensions) avec étiquettes portant le nom, le lieu, la couche géologique et éventuellement la date de la récolte.

LA RECOLTE DES MINERAUX

La récolte des minéraux est bien plus ardue que celle des roches. C'est que ceux-ci se trouvent essentiellement dans les mines souterraines, et si leurs galeries pouvaient aisément se visiter autrefois, sans grandes formalités, ce n'est plus le cas aujourd'hui. En effet leur accès est en général interdit, et celles qui ne le sont pas, sont dépouillées depuis longtemps des « trésors » qu'elles recelaient. Cette interdiction est d'ailleurs une excellente mesure car elle permet la conservation de sites minéralogiques qui doivent être préservés intacts pour la postérité.

De même ont été pillés ou détruits de nombreux affleurements superficiels de minéraux tels le quartz, la fluorine recherchés depuis longtemps par les collectionneurs qui nous ont précédés.

Alors que faire ?

Tout d'abord être persévérant et ne pas se décourager : il existe tout de même encore des carrières en exploitation, des galeries de mines accessibles, des affleurements montagneux ou côtiers où d'intéressantes découvertes minéralogiques peuvent se faire. D'autre part, pour des minéraux communs, pyrite, malachite, galène, hématite, etc. exploités autrefois comme minerais de fer, de cuivre, de plomb, il existe toujours la possibilité de fouiller les haldes des anciennes mines. Armé de pelle et de pioche, il vous est loisible de trouver encore de beaux échantillons de ces minéraux.

Mais le meilleur conseil à donner à un débutant est celui de s'inscrire à une société géologique ou minéralogique de la région. Celle-ci lui donnera l'occasion de participer à ses activités d'exploration pour lesquelles elle a une licence et dispose du matériel indispensable pour fouiller les galeries (casques, lampes, etc.). En même temps, d'autres collectionneurs, plus expérimentés lui donneront l'occasion de se former et d'élargir ses connaissances et ses horizons.

Enfin par échange ou par achat dans les Bourses de minéraux qui se tiennent un peu partout - leur nombre devient même inquiétant car il est à l'origine d'un certain pillage mercantile - il lui sera loisible d'augmenter et d'enrichir sa collection.

Bien entendu les conseils donnés précédemment en ce qui concerne la récolte des roches restent valables pour celle des minéraux, mais hormis les cas où le matériau d'encaissement est meuble, la récolte d'échantillons isolés est toujours délicate. Utilisez avec précaution et discernement marteau et burins pour dégager les exemplaires en débordant assez largement leurs limites . Eventuellement assurez-vous du mode de clivage ou de cassure possible de la roche encaissante. Tout comme avant, il faudra numéroter les échantillons récoltés et les protéger les uns des autres en les enveloppant très soigneusement dans du papier journal.

LES MEILLEURS GISEMENTS FRANÇAIS

Calcite : Maronne en Oisans, La Mure (Isère).
Aragonite : Bastennes (Landes), Framont (Bas-Rhin), basaltes d'Auvergne.
Gypse : Montmartre (Seine).
Halite : Dieuze, Dombasle (Meurthe-et-Moselle).
Sylvinite : Bassin potassique de Mulhouse (Haut-Rhin).
Grenat : Raon-l'Etape (Vosges), Collobrières (Var), Fix (Haute-Loire), Bretagne.
Staurotide : Coray (Morbihan).
Orthose : Four-la-Brouque (Puy-de-Dôme), Monts d'Ambazac (Haute-Vienne).
Biotite : Pegmatites des Monts d'Ambazac (Haute-Vienne).
Muscovite : Pegmatites des Monts d'Ambazac (Haute-Vienne).
Hornblende : Basaltes d'Auvergne.
Pyroxène : Basaltes d'Auvergne.
Tourmaline : Pegmatites des Pyrénées, du Morvan, du massif granitique de La Margeride (Cantal).
Natrolite : Puy-de-Marman et Puy de la Garde (Puy-de-Dôme). Chanteloube (Haute-Vienne).
Béryl : La Villedu (Morbihan), Morvan.
Quartz : Massif du Mont-Blanc, Auvergne (améthyste), pegmatites des Monts d'Ambazac (Haute-Vienne) et d'Alençon (Orne), fentes des septaria de la Drôme.
Agate : Montredon-Labessonié (Tarn), lithophyses de l'Estérel.
Calcédoine : Concrétions dans la craie de Picardie, bois pétrifié du Cérilley (Allier) et du Val d'Ajol (Vosges).
Fluorine : Peyrebrune (Tarn) - cubes jaunes -, Massif du Mont-Blanc (les célèbres octaèdres roses).
Barytine : La Côte d'Abot (Puy-de-Dôme) - b.-miel -, Les Malines (Gard), Peyssens (Aveyron).
Dolomie : La Croix de Pallières (Gard), Trèves (Gard).
Sidérose : Allevard (Isère), La Mure (Isère), Urbeis (Bas-Rhin), Le Canigou (Pyrénées).
Hématite : Saphoz (Haute-Saône), Puy de la Tache (Puy-de-Dôme), Framont (Bas-Rhin).
Goethite : Chaillac (Indre) - cristaux aciculaires -, le Kaymar (Aveyron), Rancié (Ariège).
Pyrite : Allevard (Isère), Saint-Bel (Rhône), Grandfontaine (Bas-Rhin), Luzenac (Ariège) (cristaux dans talc), Anjou (cristaux dans les ardoises).
Marcasite : Boulonnais, Pays de Caux, craie de Champagne, Steinbach (Haut-Rhin), filons.
Rhodochrosite : Ariège, Adervielle, Vielle-Aure (Hautes-Pyrénées).
Chalcopyrite : Les deux plus beaux gisements du monde sont français : La Gardette (Isère) et Sainte-Marie-aux-Mines (Haut-Rhin).
Tétraédrite : La Mure (Isère), Urbeis (Bas-Rhin), Irazein (Ariège).
Galène : Pontgibaud (Puy-de-Dôme), Huelgoat (Finistère).
Blende : La Mure (Isère), Trèves (Gard), Peyrebrune (Tarn).
Proustite: Sainte-Marie-aux-Mines (Haut-Rhin).
Argent natif : Sainte-Marie-aux-Mines (Haut-Rhin).
Arsenic : Sainte-Marie-aux-Mines (Haut-Rhin).
Réalgar : Matra (Corse), Duranus et Lucéran (Alpes-Maritimes), Sainte-Marie-aux-Mines.
Cassitérite : La Villeder (Morbihan), Vaulry (Haute-Vienne).
Stibine : La Lucetta (Mayenne), Lubilhac (Haute-Loire), Flaviac (Ardèche).
Or : La Gardette près Bourg d'Oisans (Isère), Maranas d'Ambazac, Cheni (Haute-Vienne), La Lucette (Mayenne) et alluvions de nombreuses rivières dont le Rhin.
Pyromorphite : Les Farges (Corrèze), La-Croix-aux-Mines (Vosges), Saint-Salvy (Tarn), Huelgoat (Finistère).
Cérusite : Mayres (Ardèche), Huelgoat (Finistère), La Grand Combes (Gard), Pontgibaud (Puy-de-Dôme).
Malachite : Chessy (Rhône), Sainte-Marie-aux-Mines (Haut-Rhin).
Azurite : Cap Garonne (Var), Osenbach (Haut-Rhin).
Smithsonite : Les Malines (Gard), les Bleymard (Lozère), Ariège.
Antunite : Margnac (Haute-Vienne), Morvan.

ECHELLE DE DURETE

La dureté d'un minéral s'apprécie par sa résistance à la destruction mécanique de sa structure. En pratique, un minéral est dit plus dur qu'un autre s'il raye ce dernier. Dans l'échelle de Mohs, les duretés sont classées par rapport à celles de 10 minéraux-tests auxquels peuvent s'ajouter quelques autres matériaux (photo d'un coffret de dureté).

1	Talc
2	Gypse
2,5	Ongle
3	Calcite
3,5	Laiton
4	Fluorine
5	Apatite
5,5	Verre
6	Orthose
6,5	Acier
7	Quartz
8	Topaze
9	Corindon
10	Diamant.

BIBLIOGRAPHIE CONCERNANT LES ROCHES

AUBOIN, BROUSSE, LEHMAN (1968) : Précis de géologie, 3 vol., Dunod.
BELLAIR P. et POMEROL Ch. (1971) : Eléments de géologie, A. Colin.
BLONDEAU A. et POMEROL Ch. (1968) : Initiation à la géologie pratique, Boubée.
CAILLEUX A. et CHAVAN A. (1971) : Détermination pratique des roches, Sedes.
COPPENS R. et ROUBAUD A. (1966) : Précis de géologie, P.U.F.
DEBELMAS J. et coll. (1974) : Géologie de la France, Doin.
DERRUAN M. (1965) : Précis de géomorphologie, Masson.
Editions du B.R.G.M. : Découvertes géologiques (Alpes du Nord, du Sud, etc.).
Encyclopédie Alpha (1975) : Géologie et Minéralogie.
GIGNOUX M. (1960) : Géologie stratigraphique, Masson.
JUNG J. (1958) : Précis de pétrographie, Masson.
KRAFFT M. : La terre, une planète vivante.
LAFFITE P. (1957) : Introduction à l'étude des roches métamorphiques et des gîtes métallifères, Masson.
MORET L. (1962) : Précis de géologie, Masson.
POMEROL Ch. (1976) : Stratigraphie et paléogéographie, 3 vol., Doin.
THEOBALD N. et GAMA A. : Cours de géologie, Doin.

En ce qui concerne les théories relatives à l'édification des orogénèses, l'évolution de la sédimentation océanique, seuls les ouvrages publiés après 1970 tiennent compte de l'hypothèse, solidement étayée aujourd'hui de la tectonique des plaques qui a révolutionné la géologie.

Il y a aussi lieu de consulter :

Tous les livrets accompagnant les cartes géologiques au 1/50 000e éditées par le Bureau de Recherches Géologiques et Minières (B.R.G.M.).

BIBLIOGRAPHIE CONCERNANT LES MINERAUX

Traités généraux :

Les minéraux, leurs gisements, leurs associations, par P. BARIAND, F. CESBRON et J. GEFFROY, 3 tomes, Minéraux et Fossiles, éd. 1978, B.R.G.M. Orléans, dépositaire.

Précis de minéralogie, par G. AUBERT, C. GUILLEMIN et R. PIERROT, Masson et B.R.G.M., éd. 1978, 335 p.

Larousse des Minéraux, par H.J. SCHUBNEL.

Ouvrages sur la France :

LACROIX A. : Minéralogie de la France et de ses anciens territoires d'Outremer, Librairie scient. et tech. A. Blanchard, Paris, 1962-1964 (rééd.), 6 tomes.

PIERROT R. et collaborateurs : Inventaires minéralogiques de la France, Paris, B.R.G.M. Collection présentée par départements, 10 départements publiés. Dépositaire : B.R.G.M., B.P. 6 009, 45040 Orléans Cedex, département Promotion-vente.

Revues :

Minéraux et Fossiles (mensuel), 12 rue Poincare, 55800 Revigny-sur-Ornain.
Monde et minéraux (bimestriel), 17 rue Guersant, 75017 Paris.

ATLAS DES ROCHES

ROCHES CALCAIRES

CALCAIRE LITHOGRAPHIQUE

Présentation : Roche calcaire de couleur beige, à cassure très fine et lisse, constituée de fins granules (grains compris entre 60 à 100 millimicrons) formant des couches se débitant assez facilement en dalles.

Origine : Recristallisation de calcite, puis dépôts dans des mers épicontinentales (Jurassique) ou dans des formations lacustres (Eocène).

Propriétés : Roche poreuse, capable d'absorber les encres grasses d'où son usage.

Usage : Reproduction de dessins (lithogravure).

Provenance* : Calcaire rauracien des environs de Ferrette (Jura alsacien). Taille : 8 cm.

* Il s'agit de la provenance de l'échantillon photographié.

CALCAIRE OOLITHIQUE

Présentation : Calcaire constitué d'oolithes, c'est-à-dire de petites boules de la grosseur d'une tête d'épingle ou d'œuf de poisson (d'où le nom), soudées entre elles par un ciment également calcaire, souvent à structure granulaire. Chaque oolithe est formée d'un noyau, fragment d'un organisme (test, coquille...) entouré d'enveloppes concentriques.
Couleur : blanc, jaune ou ocre clair.

Origine : Formation de mers chaudes et agitées, de faible profondeur (0-10 mètres), au voisinage de polypiers. Le dépôt se faisait lorsque la grosseur de l'oolithe ne permettait plus sa suspension.

Age : Les principaux dépôts en France datent du Bajocien supérieur - Bathonien.

Gisements : Bourgogne, Calvados (pierre de Caen), Lorraine, Poitou.

Usages : Autrefois : pierre à chaux, matériau d'empierrement.

Provenance : Blainville (Calvados). Taille : 11 cm.

Variété : Calcaire pisolithique : ce nom est donné à des roches calcaires dont les oolithes prennent la grosseur d'un petit pois (diamètre supérieur à 2 mm).

TRAVERTIN ou TUF CALCAIRE

Présentation : Roche calcaire, vacuolaire ou concretionnée et grossièrement litée, de couleur grise ou jaune, renfermant souvent des détritus de végétaux.

Origine : Dépôt après précipitation du calcaire dans des eaux douces, chaudes, agitées, riches en hydrogénocarbonate de calcium, tel qu'il s'en produit encore dans les sources dites pétrifiantes.

Gisements : Travertin de Champigny (Seine), calcaires lacustres de Beauce et de Brie, Travertin de Sézanne (Marne) d'âge éocène ou dépôts actuels de Saint-Nectaire et de Saint-Allyre (Puy-de-Dôme). (Abondance d'empreintes végétales).

Provenance : Molines (Hautes-Alpes). Taille : 10 cm.

CALCAIRE LITHOGRAPHIQUE ▲

CALCAIRE OOLITHIQUE ▲

TUF CALCAIRE ▼

CALCAIRES A FORAMINIFERES

CRAIE

Présentation et propriétés : Roche blanche lorsqu'elle est pure, sa teneur en carbonate de calcium étant comprise entre 90 et 99 %. Elle est tendre, friable, traçante (trait blanc). Elle est aussi très poreuse et happe à la langue, c'est-à-dire qu'un morceau de craie y adhère fortement par absorption de la salive. Cette porosité détermine la sécheresse des sols crayeux qui absorbent facilement l'eau météorique.

Origine et constitution : La craie s'est formée après dépôt en mer chaude et moyennement profonde (quelques centaines de mètres) et diagénèse d'une boue constituée de tests de foraminifères planctoniques, et de coccolites (végétaux unicellulaires) microscopiques. Présence parfois de bancs d'oursins et de mollusques marins fossiles, de rognons de silex et de marcasite.

Age : Ere secondaire, plus particulièrement du Crétacé.

Gisements : Champagne pouilleuse, Bassin parisien.

Usages : « Craie » à écrire, pierre à chaux, blanc d'Espagne (craie en poudre).

Provenance : Meudon (Hauts-de-Seine). Taille : 9 cm.

Variété : Craie glauconieuse (renfermant de la glauconie verdâtre).

CALCAIRE A NUMMULITES

Les Nummulites sont des foraminifères dont les tests, en forme de lentilles, sont constitués par une spire présentant un grand nombre de loges. Le diamètre de ces tests varie de quelques millimètres à quelques centimètres, les plus gros ressemblant à des pièces de monnaie d'où le nom latin, ou encore l'appellation commune : pierre à liards.

Age : Paléogène (début de l'ère tertiaire ou Nummulitique).

Gisement : Bassin parisien.

Provenance : Cuise-la-Motte près de Compiègne (Oise). Taille : 9 cm.

CALCAIRE A MILIOLES

Ce calcaire renferme des débris de Milioles, autres foraminifères pluriloculaires, ainsi que de divers micro-organismes recristallisés et cimentés par de la calcite granulaire. Il forme par exemple les massifs urgoniens (crétacé inférieur), blancs, du S.-E. de la France, ou certains bancs lutétiens (éocène) du Bassin parisien. C'est une excellente pierre de taille.

CALCAIRES COQUILLIERS

Sous ce terme, on comprend de nombreux calcaires renfermant des restes de coquilles de mollusques ou des squelettes d'Echinodermes fossiles. Ils sont désignés par le nom du fossile prédominant.

CALCAIRE A GRYPHEES

Calcaire argileux, grisâtre, renfermant des coquilles souvent entières de lamellibranches - des sortes d'huîtres -, d'âge liasique.

Provenance : Xeuilley (Meurthe-et-Moselle). Taille : 20 cm.

CRAIE ▲

CALCAIRE A NUMMULITES ▲

CALCAIRE A GRYPHEES ▼

CALCAIRE A CERITHES

Calcaire blanc-jaunâtre, à structure grossière, riche en coquilles coniques de gastéropodes - des Cérithes - en moules externes ou moules internes, ressemblant à des pas de vis.

Age : Lutétien.

Gisement : Bassin de Paris.

Provenance : Ivry (Val-de-Marne). Taille : 10 cm.

CALCAIRE A ENTROQUES

Calcaire compact, de couleur jaune ou gris présentant de nombreuses plaquettes brillantes, riche en tiges d'Encrines (partie fixatrice d'Echinodermes appelés Crinoïdes), soit cylindriques (Muschelkalk), soit pentagonales (Lias).

Gisements : Lorraine, Bourgogne.

Provenance : Eschwiller - Nord de Sarrebourg - (Moselle). Taille : 11 cm.

CALCAIRE A CERATITES

Calcaire argileux de couleur gris-ocre, riche en Cératite, un Céphalopode Ammonoïdé nageur de la Mer du Muschelkalk, présentant des sutures cloisonnaires.

Age : Trias moyen (bon fossile stratigraphique).

Provenance : Heming (Moselle). Taille : 25 cm.

LUMACHELLES ET FALUNS

Les lumachelles sont des roches calcaires, de formation côtière, résultant de la cimentation de coquilles de lamellibranches accumulées sur place, tandis que les faluns sont des amas de débris coquilliers contenus dans une matrice sableuse ou argilosableuse. Les plus connus sont les faluns de Grignon (Parc de l'Ecole d'Agriculture), de Saint-Paul-les-Dax et de Gaas (Pyrénées).

Age : Paléogène.

DOLOMIES

Constitution : Roche sédimentaire carbonatée dont le constituant essentiel est la Dolomite, carbonate double de calcium et de magnésium, encore qu'il existe un passage continu des calcaires aux dolomies.

Présentation et origine : Roche sédimentaire claire dont la couleur et le grain varient suivant le mode de formation :
- Dolomies primaires : formées par précipitation directe de la dolomite dans des lagunes de pays chauds. Leur grain est fin, elles contiennent des argiles (illites) qui leur donnent une coloration rougeâtre ou verdâtre formant souvent de petits lits réguliers. Peu abondantes, ce sont elles qui forment le faciès des sédiments du Keuper de l'Est de la France.
- Dolomies secondaires : dues au remplacement (métasomatose) de la calcite par la dolomite à la suite d'une succession de mécanismes ayant pour origine la concentration croissante de l'eau de mer en sels magnésiens. Leur grain est plus grossier, leur aspect plus rugueux (confusion possible avec le grès, mais dureté bien moindre).

Caractéristiques :
- Font effervescence avec l'acide chlorhydrique seulement à chaud.
- Fument parfois au choc du marteau en dégageant une odeur fétide.

Gisements : Dolomies secondaires : massifs importants souvent ruiniformes d'âge triasique (Briançonnais), Jurassique (Gorges du Tarn, Causses, Montpellier-le-Vieux, Oise).

Variété : Les Cargneules : Dolomies caverneuses dont les éléments solubles (calcaire, gypse, anhydrite) ont été lessivés pas les eaux d'infiltration. Elles sont caractéristiques du Trias alpin.

CALCAIRE A CERITHES ▲

CALCAIRE A ENTROQUES ▲

CALCAIRE A CERATITES ▼

ROCHES SILICEUSES

SABLE SILICEUX

Présentation : Roche meuble, pulvérulente constituée de grains de quartz (silice) de dimension comprise entre 0,1 et 2 mm. En dessous ce sont des sablons (1 à 100 microns), au-dessus des graviers (2 mm - 2 cm) ou des galets.

Coloration : Elle varie en fonction de sa pureté : ainsi le Sable de Fontainebleau est blanc, parce que très pur (99,9 % de silice).

Origine : Destruction de roches quartzifères (granites, gneiss...) à diverses époques géologiques. Le Sable de Fontainebleau date du Stampien.

Variétés : Suivant la présence d'autres minéraux on distingue des sables micacés, des sables feldspathiques, des sables glauconieux, des sables ferrugineux ou encore des sables calcaires (Bracheux, Cuise, de Beauchamp...).

Usages : Constituant du mortier (du béton pour les graviers et galets), industrie des silicones, fabrication du verre, fabrication de moules pour objets en fonte ou en bronze.

GRES

Présentation : Roche détritique, poreuse, très souvent litée, constituée de grains de sable rendus cohérents par un ciment siliceux ou calcaire. Tout comme le sable, le grès peut présenter des constituants accessoires qui modifient sa couleur (rose, jaune, gris), son aspect (paillettes de mica brillantes) et sa dureté, ce qui permet de distinguer de nombreuses variétés dont les plus communes sont :
- Grès pur à ciment siliceux : grès gris-blanc (Fontainebleau, Etampes, datant du Stampien, de Sainte-Anne, Gorges d'Ollioules en Provence datant du Turonien).
- Grès ferrugineux à ciment siliceux : grès des Vosges de couleur rose (Trias inférieur) ou jaune (Oligocène).
- Grès quartzeux : les grains de sable sont unis par un ciment constitué lui-même de petits grains de quartz. Nogent (Aube) de l'Eocène.
- Grès à ciment calcaire : les grains de quartz sont enrobés dans un ciment formé de cristaux de calcite. Abondant dans les terrains secondaires du Bassin parisien, les falaises du Boulonnais ou dans des formations oligocènes (Fontainebleau).

Origine : Cimentation des grains de sable par des eaux d'infiltration dissolvante ou par précipitation de calcaire.

Provenance : Grès vosgien, Labaroche (Haut-Rhin). Taille : 21 cm.

Usages : Matériau de construction (maisons, châteaux, cathédrales, fortifications...), pierre de taille, pavage des rues, fabrication de meules.

POUDINGUE SILICEUX

Présentation : Roche formée de 50 % au moins d'éléments arrondis, de galets siliceux liés par des grains de sable eux-mêmes unis par un ciment siliceux.

Origine : Roche détritique résultant de l'érosion de roches quartzifères. L'arrondi des galets est dû à une usure mécanique liée à un transport fluviatile.

Gisements :
- Poudingues anciens dans les formations sédimentaires du Primaire (Massif armoricain, Vosges, Ardennes).
- Poudingue ou conglomérat de Sainte-Odile : il couronne le Grès vosgien et donne un aspect ruinique aux massifs qu'il couvre (Basses-Vosges).
- Poudingue de Nemours (Eocène) et de Coye (Thanétien) dans le Tertiaire parisien.
- Formations de Riez-Valensole (Pontien) avec figures d'érosion près de Sisteron.

Provenance : Le Cras - Labaroche (Haut-Rhin). Taille : 15 cm.

Variétés : Poudingue calcaire : présentation analogue mais les galets et la matrice sont de nature calcaire. Brêche : conglomérat où les éléments (siliceux ou calcaires) sont anguleux.

GRES ▲

POUDINGUE ▲

ARKOSE ▼

ARKOSE

Présentation : Roche en général de teinte claire constituée de matériaux détritiques, mal classés, à stratification irrégulière et composée de gros débris anguleux de quartz et de feldspath (jusqu'à 50 %).

Origine : Altération et érosion (arénisation) de granites et de gneiss, et transport sur courte distance (sinon les feldspaths seraient détruits).

Provenance : Triembach près de Sélestat (Bas-Rhin). Taille : 10 cm.

GRAUWACKE

Présentation : Roche renfermant des grains de quartz et de feldspath, mais aussi parfois des débris de roches volcaniques cimentés par une matrice riche en chlorite et en matériaux argileux. Présence de bancs massifs alternant avec des lits à grains plus fins.
Couleur : teinte sombre, gris ou vert foncé à noirâtre (d'où le nom).

Origine : Matériaux détritiques remaniés d'origine marine.

Gisement : Culm (carbonifère inférieur) des Vosges.

Provenance : Markstein (Haut-Rhin). Taille : 9 cm.

Usages : Ballast, matériau d'empierrerment.

MEULIERE

Présentation : Bancs irréguliers constitués de blocs grossièrement ovoïdes dont la taille peut atteindre plusieurs mètres. Deux aspects possibles : massif et homogène (Meulière compacte) ou alvéolaire (M. caverneuse).
Couleur : brun rougeâtre ou gris jaune.

Constitution et origine : La silice gélatineuse, dissoute dans les eaux d'infiltration peut se concentrer et se déposer dans les interstices de calcaires lacustres plus ou moins fissurés. La silice forme ainsi un tissu de calcédoine entourant les parties calcaires qui elles-mêmes peuvent être remplacées partiellement par ce minéral. Les meulières sont donc des accidents siliceux dans les calcaires lacustres.

Gisements et âge : Meulière de Brie, passablement compacte datant du Sannoisien et Meulière de Beauce, du Stampien.

Provenance : Orsay (Seine-et-Oise). Taille : 8 cm.

Usages : Autrefois les meulières compactes servaient à faire des meules de grain (d'où le nom) (Ferté-sous-Jouarre) ; aujourd'hui, matériaux de construction (moellons) dans la région parisienne (carrière de Montmorency) vu leur légèreté et leur bonne isolation thermique et phonique.

SILEX

Présentation : Forme de « rognons », c'est-à-dire de morceaux arrondis, irréguliers, dont la taille varie entre quelques centimètres et quelques décimètres.
Couleur : Grise à noire, parfois laiteuse ou rosée.

Cassure : Ecailleuse, lisse au toucher.

Dureté : 7. Cette dureté est à l'origine de son utilisation au paléolithique pour la confection d'armes ou d'outils, et au XVIIe siècle comme « pierre à fusil ».

Constitution et origine : Agrégats très fins de calcédoine, donc de silice, dont l'origine est à chercher en partie dans la dissolution de spicules d'éponges ou de tests de protozoaires suivie d'une précipitation dès le début de la diagénèse dans le sédiment calcaire.

Gisements : Abondant dans les falaises crayeuses de Normandie, et d'une façon générale dans la craie où les « rognons » sont disposés en lits interstratifiés, parfois dans certains calcaires.

Provenance : Semnoz (Savoie). Taille : 9 cm.

GRAUWACKE ▲

MEULIERE ▲

SILEX ▼

ROCHES ARGILEUSES

KAOLIN

Présentation et propriétés : Roche de couleur blanche, tendre, friable, rayable à l'ongle, douce au toucher, plastique, imperméable et réfractaire.

Constitution chimique : Particulièrement pur, son minéral principal est la kaolinite, un silicate d'aluminium hydraté (2 SiO_2, Al_2O_3, 2 H_2O).

Origine : Le kaolin résulte de l'altération superficielle ou hydrothermale de roches feldspathiques potassiques (granites, pegmatites) pauvres en éléments ferromagnésiens. Sa pureté est due au fait que cette transformation s'est opérée sur place, dans un climat laguno-continental, alors que le quartz et les micas ont été entraînés au loin.

Usage : Fabrication de la porcelaine (Limoges) après addition d'un peu de quartz et de feldspath finement pulvérisés.

Gisements principaux : Saint-Yrieix (Haute-Vienne), d'où provient l'échantillon présenté. Taille : 10 cm. Pegmatites des Monts d'Ambazac, granite des Colettes, près des Montmins (Allier).

ARGILES

Constitution : Sous le nom d'argiles on comprend des roches sédimentaires à grains très fins contenant au moins 50 % de minéraux argileux (montmorillonite, attapulgite, sépiolite...) auxquels s'ajoutent d'autres minéraux, quartz, feldspaths, calcite et divers oxydes de fer.

Présentation et propriétés : Ce sont des roches de couleurs très variées, tendres, rayables à l'ongle, plastiques, imperméables, faisant pâte avec l'eau et durcissant à la cuisson. Avides d'eau qu'elles absorbent facilement, elles happent à la langue.

Origine : Roches détritiques résultant de la décomposition de roches riches en feldspaths divers dont les produits ont été entraînés par les eaux courantes et déposés loin de leurs lieux d'origine.

Usages : Terre à modeler des sculpteurs, terre à foulon pour dégraissage, fabrication de tuiles, de briques, de poterie après cuisson lente vers 1200° (le changement de couleur qui s'opère à ce moment-là - rouge brique - est dû à la formation d'hématite).

Variétés : Suivant la composition minéralogique ou lithologique on parle d'argiles grasses ou maigres, d'argiles résiduelles, de bentonite, d'argile à blocaux (dépôts morainiques riches en cailloux), d'argilite (sans litage aucun), d'argilolites (argiles schisteuses ou issues de tufs volcaniques).

Gisements : Terrains secondaires et tertiaires du Bassin de Paris (Vaugirard, Vanves, Montereau...), du Plateau lorrain. Les argiles rouges sont à l'origine des gisements sidérolitiques du Jura, de Bourgogne, du Berry, du Quercy, Terra rossa des pays méditerranéens.

Provenance : Eguisheim (Haut-Rhin). Taille : 15 cm.

MARNES

Constitution : Ce sont des argiles calcaires, le taux de carbonate de calcium déterminant toute une gamme allant de 5 à 95 % (Marne argileuse : 5 à 35 %, marnes : 35-65 %, calcaires marneux : 65-95 %).

Présentation et propriétés : Roches de couleur variable, gris-sombre ou ocre, parfois bleutée, d'aspect terreux, moins plastiques que les argiles, mais moins compactes que les calcaires. Elles s'émiettent facilement et happent à la langue.

Usage :
- Fabrication de chaux (moins de 15 % d'argile), de chaux hydrauliques (15 à 25 %) de ciments (plus de 25 %).
- Amendement des sols trop acides.

Gisements : Dans la majeure partie des terrains secondaires et tertiaires.

Provenance : Pays de Bray (Normandie). Taille : 8 cm.

KAOLIN ▲

ARGILE ▲

MARNE ▼

BAUXITE

Présentation et propriétés : C'est une argile cohérente, de faible dureté (2,5), de densité variable (2,4 à 3,4), de couleur le plus souvent rosé ou rouge (présence d'hématite) mais parfois jaunâtre (gœthite) voire blanchâtre lorsqu'elle est dépourvue de fer. Structure variée : amorphe, granuleuse, pisolitique ou brèchoïde.

Constitution chimique : Mélange complexe d'hydrate d'alumine (au moins 40 % d'Al_2O_3), de silice et d'oxydes de fer.

Origine : La bauxite résulte soit de la décomposition de roches silicatées diverses (syénite, basalte...) ou de la décalcification de roches calcaires, de lessivages de sols latéritiques sous climat tropical effectués du Jurassique supérieur jusqu'au Crétacé moyen.

Usage : Matière première la plus importante pour l'obtention de l'aluminium.

Gisements : Des contreforts pyrénéens jusqu'à l'Esterel. Ariège (Lavelanet, le mas d'Azil), Aude, Hérault (Villeveyrac, Mireval, Bédarieux), Bouches-du-Rhône (Les Baux, Le Paradou, Maussane) Var (Brignoles, Saint-Maximin).

Provenance : Les Baux-de-Provence (Bouches-du-Rhône). Taille : 8 cm.

LOESS

Origine : Roche argilo-calcaire comme la marne, mais d'origine éolienne, accumulée au Quaternaire dans les régions périglaciaires sous forme de dépôts pulvérulents dont l'épaisseur peut atteindre 10 m.

Constitution et propriétés : Le lœss, encore appelé limon des plateaux est formé de fines particules (10 à 50 microns) d'argile, de calcaire et de quartz. Il possède les mêmes propriétés que les marnes, est meuble, mais est capable de former des falaises (chemins creux) grâce à sa constitution capillaire. C'est une excellente terre arable, rendant fertiles les régions qu'elle recouvre.

Gisements : Plaine d'Alsace, plateaux du Bassin de Paris.

Provenance : Eguisheim (Haut-Rhin). Taille : 10 cm.

LEHM ET POUPEES DE LOESS

Par décalcification de la partie supérieure des couches de lœss, à la suite du lessivage au cours des millénaires par les eaux, le lœss se transforme en lehm. Il s'agit donc d'un niveau éluvial. Sa coloration jaune, parfois grise ou brune est due à la transformation des éléments ferrugineux en limonite.

Moins fertile que le lœss, le lehm est utilisé dans la fabrication de briques ou de tuiles.

La partie inférieure, donc l'horizon illuvial, est appelé ergeron. On y trouve des concrétions calcaires, de taille variable et de formes souvent curieuses appelées « Poupées de lœss ».

Provenance : Eguisheim (Haut-Rhin). Taille de la poupée : 15 cm.

ROCHES CARBONEES

HOUILLE

Constitution et propriétés : Terme général désignant des roches noires et combustibles dont la teneur en carbone varie de 80 à 95 %. On distingue :

- Houille grasse : renfermant 80-85 % de carbone, riche en matières volatiles, terne, tendre pulvérulente, tachant les doigts, utilisé pour la fabrication de gaz par distillation.
- Houille maigre : plus riche en carbone (90 %) bon combustible.
- Anthracite : charbon dur et brillant, ne salissant pas les doigts, renfermant au moins 95 % de carbone, pauvre en matières volatiles. Excellent combustible brûlant sans flamme, ni fumée, ni résidu.

BAUXITE ▲

LOESS ▲

POUPEE DE LOESS ▼

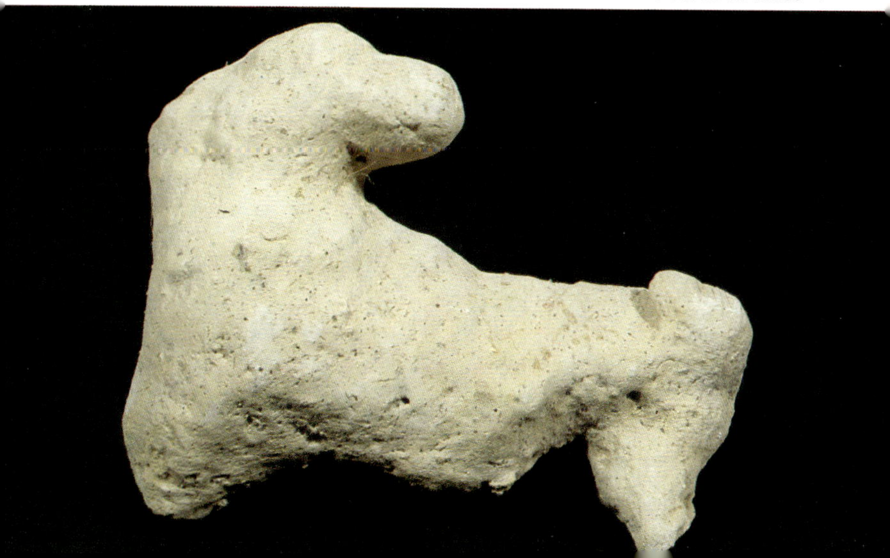

HOUILLE (suite)

Age et origine : Tous les gisements de houille datent de l'ère primaire et plus particulièrement du carbonifère ou houiller. Ils résultent de la décomposition de végétaux ligneux sous l'action de micro-organismes anaérobies.

Usages : Combustible, carbochimie.

Gisements : Bassins houillers franco-belge (Anzin, Lenz), sarro-lorrain (Forbach, Merlebach), armoricain (Châteaulin, Ancenis). Massif Central (Saint-Etienne, Autun, Commentry, Decazeville, Alès). Vosges (Ronchamp, Lalaye).

Provenance : Bassin lorrain. Taille : 12 cm.

LIGNITE

Présentation et constitution : Charbon à structure généralement fibreuse, parfois compacte, de couleur brun à brun-noir, à débris végétaux aisément reconnaissables. La lignite renferme seulement 70 % de carbone, brûle avec beaucoup de fumée et laisse un fort résidu de cendres.

Origine et usages : La formation de la lignite est analogue à celle de la houille, mais est beaucoup plus récente car d'âge tertiaire, parfois secondaire. C'est essentiellement un charbon industriel exploité pour la fabrication de carburants artificiels par distillation.

Gisements : Fuveau (près d'Aix-en-Provence), Bouxwiller (Bas-Rhin), Hostens (dans les Landes) d'où provient l'échantillon présenté. Taille : 11 cm.

TOURBE

Présentation : Feutrage de fibres, de fragments végétaux, de mousses (en particulier des sphaignes). Suivant son âge, la tourbe est moussue, feuilletée ou compacte et de couleur brune à brun-noir. Elle renferme 50 à 60 % de carbone.

Origine : Elle s'est formée et se forme maintenant encore dans les tourbières, et peut être qualifiée de charbon quaternaire.

Usages :
- Autrefois, comme combustible, mais brûle mal en dégageant une fumée âcre.
- Actuellement, comme amendement pour alléger les sols lourds, comme litière et engrais, mélangée à du fumier.

Gisements : Tourbières plates de Champagne, de Picardie, de la Grande Brière, du nord de l'Alsace. Tourbières bombées des massifs montagneux.

Provenance : Tourbière des Faignes de la Lande (Vosges). Taille : 10 cm.

HYDROCARBURES NATURELS ou PETROLE - BITUME

Origine : Les hydrocarbures naturels ont - tout comme les différentes formes de charbons naturels - une origine organique. Ici, il s'agit pour l'essentiel de transformations biochimiques complexes d'algues, de petits animaux marins et surtout de plancton en milieu anaérobie. Les huiles minérales qui en résultent et qui renferment en outre d'autres matières comme du soufre sont, soit restées dans la roche-mère, ou bien ont migré dans de nouvelles roches appelées roches-réservoirs ou roches-magasins : calcaires, sables, grès.

Gisements : Bassin Aquitain (Parentis, Cazaux, Lacq...), Bassin Parisien (Chailly-en-Bière, Châteaurenard, Coulomme, Villemer...), Nord de l'Alsace (Pechelbronn, Merkwiller).

A côté des pétroles, il y a lieu de citer le bitume ou asphalte, autre hydrocarbure de consistance épaisse voire solide, de couleur noire, à toucher gras, d'odeur caractéristique, souvent fétide, en imprégnation de calcaires, de grès ou de schistes. Région d'Autun, Bassin de Pechelbronn.

HOUILLE ▲

LIGNITE ▲

TOURBE ▼

ROCHES MAGMATIQUES

GRANITES

Présentation et constitution : Les granites sont des roches typiquement grenues constituées de quartz et de feldspath auxquels s'associent des micas. Les cristaux sont toujours visibles à l'œil nu (2 à 20 mm de taille). Ce sont des roches de couleur claire (roches leucocrates), gris moucheté de blanc, de rose, de rouge, de noir suivant les éléments constitutifs. Le quartz ne présente jamais de contours naturels cristallisés, car, apparaissant en dernier lieu lors de la génèse de la roche, il remplit les espaces résiduels ; on le reconnaît à sa cassure vitreuse, son éclat gras (lard cuit). Par contre les feldspaths présentent des cristaux bien nets et bien développés. Biotite ou muscovite se reconnaissent à leurs lamelles clivables, noires ou argentées.

Structure : Suivant la taille des cristaux on distingue :
- les granites aplitiques (ou aplites) dont les grains avoisinent 0,5 mm,
- les granites saccharoïdes (1-2 mm),
- les granites porphyroïdes possédant de grands cristaux isolés pouvant atteindre plusieurs cm (feldspath),
- les pegmatites où tous les cristaux sont de grande taille (voir plus loin).

Origine et gisements : Roche magmatique plutonique, les granites, roches de massifs, constituent la majeure partie de l'écorce terrestre continentale et se trouvent dans notre pays dans tous les massifs et socles hercyniens (Bretagne, Morvan, Massif Central, Alpes, Pyrénées, Vosges...).

Minéraux accessoires : Amphibole, pyroxène, tourmaline.

Usages : Matériau de construction, revêtement de façades, pierres tombales.

GRANITE DU THOLY

Granite porphyroïde à biotite et phénocristaux de feldspath potassique. L'orientation de ces derniers témoigne du caractère plutonique de la roche car elle résulte de mouvements de brassage.

Provenance : Le Tholy, localité vosgienne du versant lorrain, située au nord-est de Remiremont. Taille : 10 cm.

GRANITE D'ANDLAU

Granite à grain moyen à grossier, à feldspath orthose rosé dont les porphyroblastes ont une longueur voisine de 1 cm. Le granite d'Andlau est d'origine magmatique : son intrusion dans la roche encaissante a déterminé un métamorphisme de contact célèbre (cornéenne, schistes noduleux...).

Provenance : Andlau, localité vosgienne du versant alsacien au nord de Sélestat. Taille : 12 cm.

PROTOGINE

Présentation et constitution : Roche grenue porphyroïde de couleur grise légèrement verdâtre, à structure grossièrement schisteuse, présentant des cristaux de quartz, de feldspath et de mica noir charitisé.

Origine : La protogine est un granite légèrement métamorphisé (orthogneiss).

Gisement : Principal constituant du massif du Mont-Blanc et de l'Oisans d'où provient l'échantillon présenté au bas de la page. Taille : 11 cm.

GRANITE D'ANDLAU ▲

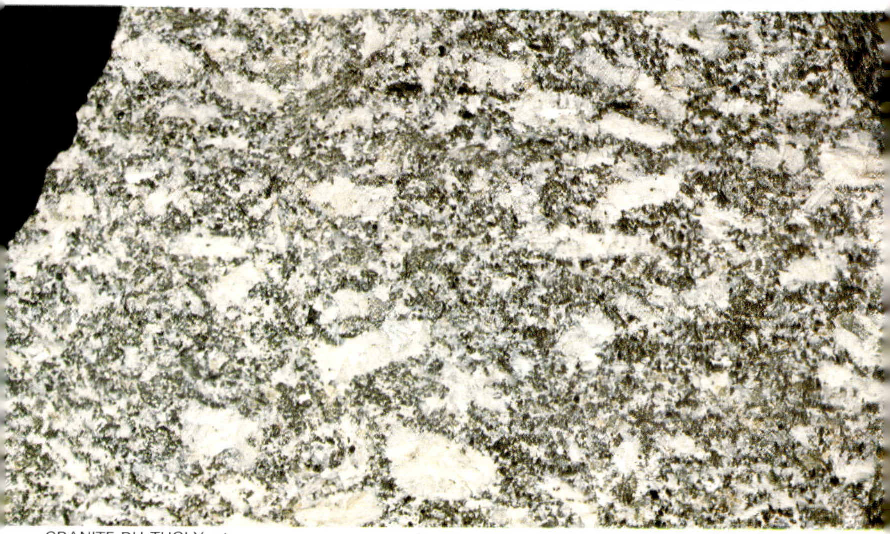

GRANITE DU THOLY ▲

PROTOGINE ▼

PEGMATITE

Présentation et constitution : Les pegmatites sont des roches granitoïdes présentant des cristaux - souvent automorphes - de grande taille, allant de plusieurs centimètres à plusieurs décimètres. Elles sont constituées de quartz, de feldspaths alcalins et de muscovite. Les éléments ferro-magnésiens sont rares, par contre elles renferment des éléments dits pegmatitiques comme la tourmaline, la phlogopite, la lépidolite, le béryl et parfois des minerais métalliques (cassitérite, molybdénite...).

Gisements : Les pegmatites se trouvent en général en bordure des massifs granitiques, généralement en filons.

Provenance : Pegmatite à muscovite de La Houssoye (Pyrénées atlantiques). Taille : 9 cm.

MICROGRANITES

Ce sont des roches granitiques caractérisées par une structure microgrenue, le plus souvent porphyrique - d'où leur ancien nom de Porphyres granitoïdes - renfermant de grands cristaux de quartz et de feldspaths. Elles sont fréquentes dans les massifs anciens (Bretagne, Morvan, Beaujolais, Vosges) où elles forment des filons, généralement épais de quelques mètres, ou des bordures de massifs granitiques.

Provenance : Région de Gérardmer (Vosges). Taille : 9 cm.

RHYOLITE

Présentation : Roche généralement claire, de coloration diverse suivant les éléments constitutifs, grisâtre, jaunâtre, rougeâtre, verdâtre, présentant sur un fond d'aspect vitreux des inclusions plus grossières, parfois alignées par suite de la fluidité originelle (étymologiquement : la pierre qui coule).

Constitution : Roche microlitique correspondant au granite : comme lui, elle renferme du quartz, des feldspaths, de la biotite, de l'amphibole etc.

Origine et gisements : Roche magmatique effusive, la rhyolite se présente soit en dômes, soit en coulées, courtes et épaisses, soit en blocs dans les ignimbrites. Les gisements français datent tous du primaire (carbonifère ou permien). Massif Central, Morvan, Vosges, Estérel (les « Roches rouges » de la corniche).

Provenance : Rhyolite du Hohwald (Vosges cristallines du Nord). Taille : 9 cm.

PEGMATITE ▲

MICROGRANITE ▲

RHYOLITE ▼

TRACHYTE

Présentation : Roche légère (d = 2,6), parfois poreuse, de teinte claire, généralement grise, à pâte très finement grenue, à structure fluidale, à structure porphyrique, due alors à des phénocristaux blancs, généralement de la sanidine reconnaissable à son aspect limpide et fendillé.

Constitution : Roche microlitique, correspondant à la syénite, donc caractérisée par l'absence de quartz (mais riche en silice - jusqu'à 70 % -) et constituée de divers feldspaths (albite, mais le plus souvent de la sanidine), de biotite et d'amphibole.

Origine et gisements : Roches magmatiques effusives, les trachytes sont issues de laves visqueuses constituant dômes et aiguilles. Dans le Massif Central, la Chaîne des Puys, d'âge tertiaire est constituée en grandes parties de trachytes.

Provenance : Trachyte à biotite (Domite) du Puy-de-Dôme. Taille : 6 cm.

Usages : Bien que gélives et peu résistantes aux intempéries, les trachytes sont utilisées comme matériaux de construction. Les trachytes potassiques servent aussi d'engrais.

ANDESITE

Présentation : Roche en général gris-violacé ou gris-noir, assez dure, d'aspect finement scoriacé, parfois bulleuse voire vacuolaire, très rugueuse présentant de rares (sauf exception) phénocristaux clairs, d'autres parfois foncés.

Constitution : Roche microlitique dont l'équivalent parmi les roches grenues est la diorite. Ses minéraux caractéristiques sont donc les plagioclases, la biotite l'amphibole, le pyroxène (augite).

Origine et gisements : Roches magmatiques effusives, les andésites donnent des coulées assez fluides lorsqu'elles sont basiques, nettement plus visqueuses lorsqu'elles sont acides. La plupart des volcans du Cantal, du Mont-Dore et de la Chaîne des Puys sont constitués d'andésites d'âge pliocène. Le porphyre vert antique est une andésite, d'âge primaire (carbonifère), à grands cristaux de labrador, pseudo-morphosés par de l'épidote vert pistache.

Provenance : Andésite à augite du Mont-Dore. Taille : 12 cm.

PIERRE DE VOLVIC

La Pierre de Volvic (photo ci-contre) est une trachyandésite exploitée dans une coulée issue du Puy de la Nugère près de Riom (Puy-de-Dôme). Sa constitution en fait un matériau de construction très prisé dans la région de Clermont-Ferrand (préfecture, cathédrale...). Comme elle s'émaille bien, elle est aussi utilisée pour fabriquer des tables de laboratoire ou d'orientation, des éviers, des cuves pour l'industrie chimique.

TRACHYTE ▲

ANDESITE ▲

PIERRE DE VOLVIC ▼

DIORITE

Roche grenue, plus sombre que le granite, présentant des cristaux clairs, de couleur gris verdâtre - des feldspaths calco-sodiques - et d'autres, très foncés, d'amphibole, de biotite et plus rarement de pyroxène. Le quartz est absent.

Origine et gisement : Roche magmatique plutonique, parfois associée aux granites ou aux gabbros, constituant de petits massifs.

Provenance : Diorite du Neuntelstein (près du Hohwald dans les Vosges cristallines du nord), remarquable par ses grands cristaux d'amphibole. Taille : 11 cm.

DIORITE ORBICULAIRE ou CORSITE

Cette roche, très spéciale, exploitée près de Sartène en Corse, est finement grenue et présente des orbicules zonées, alternativement blanc-laiteux et gris-noir, mais aussi radiées, constituées d'oligoclase et d'amphibole. Celles-ci résultent de l'altération d'un pyroxène vert-foncé, l'ouralite. Leur constitution pétrographique les rattache aux gabbros.

Provenance : Echantillon poli de Sainte-Lucie-de-Tallane, près de Sartène (Corse). Taille : 11 cm.

PHONOLITE

Présentation : Roche gris-clair à foncé ou brunâtre, finement grenue, à la surface rugueuse et à la cassure conchoïdale. Nombreuses enclaves dans la pâte. Les microlites sont souvent alignés ce qui facilite le débitage de la roche en plaques. Elle doit son nom au fait qu'elle rend un son clair quand on la frappe avec un marteau.

Constitution : Roche microlitique correspondant à la syénite néphélinique (très rare en France), donc pauvre en silice (50 à 60 %). On y distingue nettement les cristaux de feldspaths (sanidine, anorthose) et de feldspathoïdes (néphéline, noséane, haüyne, leucite).

Origine et gisements : Roche magmatique effusive, ses laves sont visqueuses et donnent naissance à des coulées épaisses comme à Bort-les-Orgues en Dordogne où elles forment des colonnes prismatiques semblables à celles des basaltes, ou en laccolites*, dômes ou dykes d'âge tertiaire : sucs du Velay (Mont Mézenc, Gerbier-de-Jonc), roches Tuilières et Sanadoire près du Mont-Dore.

Provenance : Phonolite à noséane du Puy-de-Dôme. Taille : 8 cm.

Usages : Autrefois, couverture des toits.

* On appelle laccolite un massif de roches magmatiques plutoniques en grosses lentilles de plusieurs kilomètres, à surface intérieure plane et surface supérieure convexe vers le haut.

DIORITE ▲

CORSITE ▲

PHONOLITE ▼

GABBRO

Présentation : Roche lourde (d = 2,8 à 3,1) de teinte noirâtre plus ou moins mouchetée, ou vert clair lorsqu'elle est altérée, grenue, à grain fin ou grossier, souvent rubanée.

Composition : Roche basique, grenue, dont l'équivalent microlitique est le basalte. Les gabbros ne renferment jamais de quartz, mais des plagioclases, plus calciques que sodiques, du mica, de l'amphibole et surtout des pyroxènes, hypersthène, augite, qui lui confèrent la couleur et l'aspect « truité ». Autres constituants : olivine, magnétite.

Origine et gisements : Roche magmatique plutonique dont l'origine est à chercher dans la différenciation des magmas ultrabasiques du manteau. Le gabbro a apparu en grandes intrusions et ses gisements sont massifs. Il accompagne souvent les diorites desquelles il se distingue par sa teinte plus claire. Alpes du Dauphiné, Corse, Pyrénées.

Provenance : Gabbro de Figaniella (Corse). Taille : 9 cm.

Roches voisines :
- Euphotide : à gros cristaux de plagioclase vert et de diallage à reflet bronzé (Mont-Genèvre).

Ophite, serpentine, microgabbro (aspect de peau de serpent).

BASALTE

Présentation : Roche lourde (d = 3), compacte, difficile à débiter, à grain très fin de couleur sombre, brun-noirâtre, mais le plus souvent noire-grisâtre, à noire, et présentant des phénocristaux disséminés dans la pâte. A l'affleurement, le basalte se présente souvent sous forme de colonnes prismatiques dont l'origine est à chercher dans la contraction due au refroidissement d'une coulée de lave en fusion. (Orgues d'Espaly de la Tour d'Auvergne).

Constitution : Les basaltes correspondent aux gabbros et sont donc pauvres en silice (moins de 50 %). Ce sont des roches basiques, à structure microlitique renfermant d'assez grands cristaux de feldspaths plagioclases, de pyroxène, de mica noir, mais surtout d'olivine. Autres minéraux : magnétite, augite, néphéline.

Origine : Roches effusives et très fluides, les basaltes ont formé au cours des éruptions tertiaires de vastes coulées prismées ou cordées pouvant couvrir des milliers de km^2 (Basalte des plateaux). D'autres basaltes sont plus anciens.

Gisements : Cantal (Murat, Saint-Flour), Haute-Loire (Espaly), Puy-de-Dôme (Mont-Dore).

Usages: Roche d'empierrement, de construction et d'ornementation (Basalte demi-deuil du Mont Dore dont les baguettes de feldspath se détachent sur un fond noir).

Provenance : Basalte à olivine de Santerre près de La Bourboule (Puy-de-Dôme). Taille : 12 cm.

BOMBE BASALTIQUE

Lors des explosions, l'éjection de la lave basaltique peut s'effectuer, par projection, sous forme de bombes volcaniques. Par suite du mouvement de rotation qui leur est imprimé lors de l'éjection, ces bombes sont fusiformes et présentent un aspect torsadé.

Celui-ci est nettement visible sur la photo de l'échantillon en provenance d'un volcan d'Auvergne. Taille : 20 cm.

GABBRO ▲

BASALTE ▲

BOMBE BASALTIQUE ▼

ROCHES METAMORPHIQUES

MARBRES

Définition et origine : Le terme de marbre possède deux significations : en sculpture et en architecture, il désigne toute roche, le plus souvent calcaire, brèchoïde ou non, susceptible d'être polie ; en terme pétrographique, un marbre est une roche métamorphique dérivant de calcaires ou de dolomies. C'est dans ce sens que nous le prenons ici.

Constitution et présentation : Un marbre est un assemblage de cristaux de calcite, disposés sans ordre et sans vide aucun. Parfaitement pur, il est d'un blanc étincelant, mais renfermant des impuretés, chimiques ou organiques, il peut présenter divers coloris : rose, rouge, orange, vert ou noir. Souvent il est traversé par des veines blanches dues à des fissures remplies de calcite pure. Les marbres d'origine dolomitique présentent des grains fins à grossiers.

Propriétés : Roche de dureté moyenne, rayable au verre, faisant effervescence à froid avec l'acide chlorhydrique. La pénétration de la lumière jusqu'à 2-3 cm de profondeur, et des reflexions sur les facettes cristallines déterminent l'aspect étincelant déjà cité.

Gisements : Corrèze, Limousin, Pyrénées (Saint-Béat, Haute Garonne), Ardennes, Var.

Provenance :
- Sainte-Anne Alpha : Arudy près de Pau (Pyrénées atlantiques).
- Rouge incarnat : Saint-Nazaire-de-Laderez près de Béziers (Hérault).
- Jaune impérial : Carrière de Cimay à Sainte-Anne-d'Evenou près de Toulon (Var). Taille : chaque plaque : 10 × 15 cm.

Usages : Pierre de sculpture, matériau de construction, monuments funéraires.

CIPOLINS

Origine : Si le terme « cipolin » désigne souvent n'importe quel calcaire cristallin, il est à réserver au seul calcaire métamorphique, parfois veiné de serpentine.

Présentation : Roche calcaire cristalline, à cassure saccharoïde, d'une coloration blanche, parfois rosée, bleutée, ou grise, veinée de trainées vertes serpentineuses. Elle a la propriété de s'exfolier, par altération superficielle, en pelures, à la manière des oignons, d'où son nom (cipola = oignon). Structure parfois feuilletée.

Constitution et gisements : Cristaux de calcite enchevêtrés auxquels peuvent s'ajouter de la chlorite, du grenat, des micas, du pyroxène, du péridot ou de nombreux autres minéraux rares. Les cipolins se rencontrent en général en masses isolées, lenticulaires à l'intérieur des massifs métamorphiques.

Provenance : Cipolin de Sainte-Marie-aux-Mines (Haut-Rhin). Taille : 11 cm.

QUARTZITE

Présentation : Roche siliceuse, de couleur claire, gris-brun, à cassure conchoïdale, lisse, esquilleuse, à éclat gras, très compacte et très dure. Au microscope, elle montre des cristaux de quartz intimement soudés, fortement engrenés les uns dans les autres.

Origine : Parfois détritique, donc sédimentaire (certains grès de Fontainebleau), plus souvent métamorphique, provenant alors de la recristallisation d'un grès.

Utilisation : Fabrication de briques réfractaires, matériau de construction.

Provenance : Quartzite de Fontainebleau (Seine-et-Marne). Taille : 11 cm.

MARBRES ▲

CIPOLIN ▲

QUARTZITE ▼

SCHISTES

Terme général regroupant des roches argileuses ayant acquis une schistosité sous l'influence de contraintes tectoniques, liées à un métamorphisme plus ou moins important. Les schistes peuvent renfermer des recristallisations minérales, utilisées pour leur classification. C'est ainsi qu'on distingue parmi les schistes du métamorphisme général :

- les schistes ardoisiers (voir plus loin),
- les schistes sériciteux (ou séricito schistes), de couleur grise ou vert glauque présentant un aspect satiné dû à la présence de séricite (mica blanc), comme celui présenté ci-contre qui provient de Villé (Bas-Rhin). Taille : 8 cm.
- les talcschistes renfermant des paillettes de talc grises qui leur donnent un toucher onctueux. Ces trois espèces de schistes sont aussi désignées sous le nom de phyllades.
- les schistes chloriteux (ou chloritoschistes) de coloration verte due à des paillettes, ou lamelles verdâtres de chlorite,
- les calcschistes ayant pour origine des marnes ou des pélites calcareuses et renfermant donc, outre de la chlorite, des plaquettes de calcaire microcristallines à surface souvent satinée (schistes lustrés des Alpes d'âge jurassique).

La plupart de ces schistes sont d'âge antécambrien ou paléozoïque et se trouvent dans tous les massifs correspondants à ces âges (Ardennes, Vosges, Massif Central, Alpes, etc.).

Parmi les schistes de métamorphisme de contact, on distingue :

- les schistes tachetés (petites inclusions de 0,5 à 3 mm) et
- les schistes noduleux (petites boules faisant saillies). Ces taches et nodules sont constitués de minéraux de néoformation telles la cordiérite, l'andalousite.

Provenance : Schiste tacheté à andalousite de Steige près de Villé (Bas-Rhin). Taille : 10 cm.

Le terme ultime du métamorphisme de ces schistes au contact de granitoïdes divers sont les cornéennes dans lesquelles la structure schisteuse disparaît progressivement pour faire place à une roche sombre, très dure, à cassure d'aspect corné (d'où le nom). Les principaux constituants des cornéennes sont la cordiérite, l'andalousite, la sillimanite, les feldspaths potassiques, l'amphibole.

SCHISTES ARDOISIERS

Présentation : Roche feuilletée, de couleur en général noirâtre, mais aussi grise ou lie-de-vin, à grains fins, à surface plus ou moins satinée, se débitant facilement en plaques de quelques mm d'épaisseur. Parfois elle présente de petites cavités cubiques, ultimes restes de cristaux de pyrite, dissous secondairement par l'eau. Présence de fossiles (trilobites).

Propriétés : Imperméables et tendres, ils se laissent rayer par le verre.

Origine : Ecrasement de sédiments argileux par suite d'un léger métamorphisme.

Gisements : Massifs primaires (silurien-dévonien) des Ardennes (Fumay) (ardoises violettes), de Trélazé (Angers, Maine-et-Loire), d'Alassac (Corrèze) (ardoises grises à noires) d'où provient l'échantillon présenté. Taille : 20 cm.

Usages : Toitures, dallages, tableaux noirs d'écoles ou « ardoises » des écoliers.

SCHISTE ▲

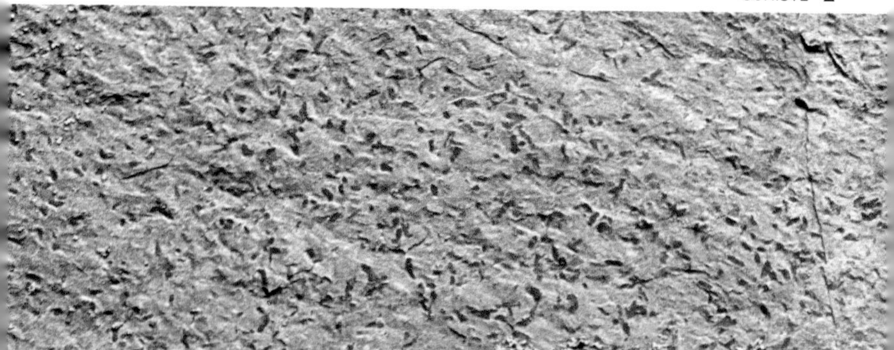

SCHISTE TACHETE ▲

SCHISTE ARDOISIER ▼

MICASCHISTE

Présentation et constitution : Roche cristalline, nettement feuilletée (le terme de cristallophyllien lui sied bien) constituée par une alternance de lits de quartz à cristaux bien marqués et de lits de micas déterminant un aspect brillant, gris-argenté. L'abondance des lamelles de micas permet un débit facile de la roche en plaquettes.

Origine et minéraux accessoires : Roche de moyen métamorphisme, dérivant de roches argileuses et gréseuses renfermant de nombreux minéraux accessoires : grenat, disthène, staurotide, sillimanite, andalousite, cordiérite.

Gisements et usages : Ceux du gneiss (ci-après).

Provenance : Micaschiste à staurotide de la vallée de l'Evel (Morbihan). Taille : 10 cm.

GNEISS

Présentation et constitution : Roche métamorphique présentant une alternance de lits clairs et foncés : les premiers sont constitués de cristaux blancs, gris ou rose (quartz et feldspaths) de taille moyenne, tandis que les seconds, noirâtres, sont riches en éléments ferro-magnésiens (micas, amphibole, hornblende). Suivant l'importance de la foliation, on distingue des gneiss rubanés à lits bien marqués, des gneiss granitoïdes à grains grossiers et des gneiss œillés (voir ci-dessous).

Autres minéraux : Outre les minéraux fondamentaux les gneiss renferment fréquemment d'autres minéraux : grenat, sillimanite, cordiérite, disthène, d'où les dénominations (gneiss à grenat...).

Age et origine : Roches cristallophylliennes antécambriennes ou paléozoïques du métamorphisme général profond (voir plus haut) dérivant de roches sédimentaires (grès, grauwackes), les paragneiss, ou de roches magmatiques : granites, syénites, rhyolites, les orthogneiss.

Gisements : Dans les massifs anciens : Bretagne, Limousin, Cévennes, Alpes, Pyrénées, Vosges d'où provient l'échantillon présenté. Taille : 12 cm.

Usages : Toitures grossières (Alpes), dalles pour pavage.

GNEISS OEILLE

Ce type présente des lentilles ovoïdes (yeux) de 1 à 5 cm de taille constituées en général de porphyroblastes d'orthose.

Provenance : Gneiss des environs de Mazamet (Tarn). Taille : 20 cm.

Roches voisines des gneiss

GRANULITE

Roche de haut métamorphisme de teinte claire, à structure finement granoblastique orientée, constituée de quartz, de feldspath et parfois de grenat et de pyroxène.

LEPTYNITE

Roche de très haut métamorphisme du type gneissique, à grain fin, mais à foliation peu marquée, renfermant souvent du grenat.

MIGMATITES

Roche à la limite des roches métamorphiques catazonales et des roches magmatiques. Autrement dit, les migmatites sont des mélanges de roches de types granite et gneiss, à foliation souvent peu marquée.

MICASCHISTE ▲

GNEISS ▲

GNEISS OEILLE ▼

ATLAS DES MINERAUX

MINERAUX DES ROCHES SEDIMENTAIRES

CALCITE

Composition chimique : Carbonate de calcium $CaCO_3$.

Système cristallin : Rhomboédrique.

Présentation : Cristaux à clivage faisant apparaître des faces brillantes. Macles fréquentes.
Couleur : incolore et transparent, parfois blanc, plus rarement coloré.
Eclat : vitreux. Trace : blanche.
Dureté : 3. Densité : 2,7.

Particularité : Fluorescence à l'ultraviolet s'il y a des impuretés.

Gisements : Principal constituant des roches calcaires et des roches métamorphiques qui en dérivent (marbres, cipolins...) et comme ciment de certaines roches siliceuses (grès) d'où effervescence à l'acide chlorhydrique et gangue de certains filons hydrothermaux.

Provenance : Couzon (Rhône) C.M.S. Taille : 1 cm chacun.

Variété : Le Spath d'Islande qui cristallise en rhomboèdre limpide, présentant le phénomène de la double réfraction.

ARAGONITE

Composition chimique : Carbonate de calcium $CaCO_3$.

Système cristallin : Orthorhombique (différence essentielle avec la calcite).

Présentation : Cristaux souvent aciculaires, ou en fibres parallèles ou encore en forme de prismes, souvent associés à trois, à structure radiée.
Couleur : minéral blanc, parfois gris ou brun, transparent à translucide.
Eclat : vitreux. Trace : blanche.
Dureté : 3,5-4. Densité : 2,9.

Particularité : Forme stable à température élevée, mais peu stable à température ordinaire (se transforme en calcite) sauf en présence d'éléments métalliques en trace.

Gisement : Minéral moins répandu que la calcite ; constitue le matériau de base dans l'édification des coquillages des mollusques. Perles et nacre sont formées de couches concentriques d'aragonite. Assez abondant dans les gites métallifères, géodes et dans les dépôts des sources chaudes. Concrétionnement de certaines grottes et d'anciennes mines.

Provenance : Gerbe de cristaux aciculaires dans un basalte d'Auvergne. C.M.S. Taille : 1 cm.

GYPSE

Composition chimique : Sulfate de calcium hydraté $CaSO_4, 2H_2O$.

Système cristallin : Monoclinique.

Présentation : Cristaux prismatiques, tabulaires ou lenticulaires, à faces légèrement courbes. Aspect variable suivant les variétés, la plupart étant bien clivables.
Couleur : incolore, blanc, ambré ou rosé.
Eclat : vitreux ou perlé ou nacré. Trace : blanche.
Dureté : 1,5 à 2. Densité : 2,2-2,4.

Particularités :
- Décrépite à la flamme et blanchit en s'exfoliant.
- Colore la flamme en rouge-orangé.

Gisement : Fréquent dans les sédimentaires (évaporites du Keuper, du Lias).

Provenance : Macle en fer de lance. Montmartre (Paris). C.M.S. Taille : 35 cm.

CALCITE ▲

ARAGONITE ▲

GYPSE FER DE LANCE ▼

GYPSE (suite)

Variétés :
- Gypse fer de lance : macle en queue d'hirondelle ou fer de lance.
- Gypse saccharoïde : à grains très fins (semblable à du sucre).
- Gypse pied d'alouette : variété maclée, jaunâtre.
- Gypse fibreux : formés de fines aiguilles accolées.

Provenance : Riquewihr (Haut-Rhin). Age : Trias supérieur.

Usages : Fabrication du plâtre par cuisson.

HALITE ou SEL GEMME

Composition chimique : Chlorure de sodium NaCl.

Système cristallin : Cubique.

Présentation et propriétés : Cubes parfaits présentant trois clivages orthogonaux, mais aussi en masses granulaires. Dans les marais salants où l'évaporation est rapide, les cristaux sont souvent agglomérés en pyramides quadrangulaires, creuses, appelées trémies. Saveur salée, soluble dans l'eau.
Couleur : incolore, blanche, grise, rosée.
Eclat : vitreux. Trace : blanche.
Dureté : 2,5. Densité : 2,1.

Origine : Evaporation d'eaux sursalées.

Usages : Sel de cuisine, usages industriels (chlore, soude et dérivés) et agricoles.

Gisements : Lorraine, Alsace, Pyrénées orientales.

Minerais associés : Sylvite, gypse, anhydrite.

Provenance : Dombasle (Meurthe-et-Moselle). Taille : 4 cm.

SYLVITE et SYLVINITE

La sylvite ou chlorure de potassium (KCl) cristallise dans le système cubique et se présente soit sous forme de cristaux cubiques ou octaédriques incolores ou blancs, parfois colorés en gris, jaune, rouge ou bleu, mais aussi en massifs compacts. Peu fréquente, la sylvite est généralement associée à la halite et constitue ce qu'on appelle la sylvinite. Le gisement minier de sylvinite le plus important est situé au nord de Mulhouse, la roche étant connue sous le nom de potasse d'Alsace. Le minerai extrait présente pratiquement toujours une alternance de couches de sylvinite colorée en rouge par des oxydes de fer, de sel gemme de couleur claire et d'argiles ou de schistes en lits d'épaisseur variable. Le gisement de potasse d'Alsace date de l'Oligocène et s'est formé par évaporation d'une saumure dans des lagunes sursalées.

Usages : Engrais potassique après élimination du chlorure de sodium.

Provenance : Staffelfelden (Haut-Rhin). Taille : 10 cm.

GYPSE FIBREUX ▲

HALITE ▲

SYLVINITE ▼

MINERAUX DES ROCHES METAMORPHIQUES

GRENATS

Composition chimique : Les grenats forment une famille de silicates à laquelle on peut attribuer la formule générale X_3Y_3 $(SiO_4)_3$, dans laquelle X est généralement Ca, Mg, Fe, Mn ou B et Y : Fe, Al, Cr ou Ti.

Système cristallin : Cubique.

Présentation : Les grenats se présentent le plus souvent sous forme de dodécaèdres rhomboïdaux, c'est-à-dire en solide régulier à 12 faces, chacun ayant la forme d'un losange, mais se trouvent aussi en masses grenues.
Couleur : elle varie suivant les variétés :
Pyrope (Mg, Al) : rouge sombre.
Spessartite (Mn, Al) : jaune, brun-rouge à reflets violets.
Grossulaire (Ca, Al) : brune, vert-pâle ou incolore.
Almandin (Fe, Al) : rouge à brune.
Eclat : vitreux à résineux. Trace : en général blanche ou faiblement colorée.
Dureté : 6,5-7,5. Densité : 3,6-4,3.

Gisements : Minéraux caractéristiques des roches métamorphiques, chaque variété étant spécifique de certaines espèces (l'almandin dans les gneiss et les schistes cristallins...) Massifs hercyniens.

Provenance : Grenat grossulaire de Brignais (près Lyon). C.M.S. Taille : 1,2 cm.

Usages : Joaillerie, abrasif.

DISTHENE

Composition chimique : Silicate d'aluminium Al_2SiO_5.

Système cristallin : Triclinique.

Présentation : Cristaux prismatiques allongés ou agrégats foliacés ou radiaires, se clivant facilement dans le sens longitudinal, moins nettement dans le sens transversal, et souvent courbes ou distordus.
Couleur : bleuâtre, parfois blanchâtre. Eclat : vitreux. Trace : blanche.
Dureté : 5,5 (sens longit.), 7 (sens transv.). Densité : 3,5-3,7.

Gisements : Dans les roches de moyen métamorphisme (schistes, gneiss), souvent associé au grenat et à la staurotide. Egalement dans les filons de quartz ou dans les pegmatites.

Provenance : Environs de Baud (Morbihan). Taille : 5 cm.

Usage : Composant de fabrication de produits réfractaires.

ANDALOUSITE

Ce minéral, polymorphe du disthène, dont il a la même formule chimique, cristallise dans le système orthorhombique, et présente des cristaux prismatiques à section carrée, le plus souvent rose ou rouge, mais aussi gris, jaune, brun ou vert. Même éclat et même trace, sa dureté est de 7 et sa densité seulement de 3,1. Ses usages sont aussi les mêmes. Par contre, l'andalousite se forme à basse-pression et ne se trouve donc que dans les roches de bas métamorphisme (schistes du métamorphisme de contact).

STAUROTIDE

Composition chimique : Silicate de fer, d'aluminium et de magnésium.

Système cristallin : Monoclinique (pseudoorthorhombique).

Présentation : Cristaux prismatiques à faces rugueuses. Macles fréquentes produisant des assemblages cruciformes très caractéristiques.
Couleur : brun-rouge à brun-noir.
Eclat : vitreux à résineux. Trace : grise. Dureté : 7-7,5. Densité : 3,7.

Gisements : Minéral typique des roches de moyen métamorphisme (micaschistes, gneiss) souvent associé au grenat, au disthène, à la sillimanite.

Provenance : Le Canadel (Var) C.M.S. Taille : 1-2 cm.

GRENAT ▲

DISTHENE ▲

STAUROTIDE ▼

MINERAUX DES ROCHES MAGMATIQUES ET DES PEGMATITES

ORTHOSE

Minéral de la famille des feldspaths.
Composition chimique : Silicate anhydre d'aluminium et de potassium (65 % de silice, 12-13 % de potassium). Formule : $6SiO_2$, Al_2O_3, K_2O.

Présentation : Cristaux monoclines, allongés suivant le plan de symétrie, souvent maclés (Macle de Carlsbad) mais non striés.
Couleur : rose-clair ou saumon, mais aussi blanche, incolore voire vert-clair.
Eclat : vitreux, nacré. Trace : blanche.
Dureté : 6. Densité : 2,5.

Gisement : Minéral constitutif principal des roches éruptives (granite, diorite, syénite, pegmatite...) et cristallophylliennes (gneiss).

Provenance : A gauche, deux cristaux maclés d'orthose de Ceilhes (Hérault) ; à droite : sanidine dans sa gangue du Puy-de-Sancy (Puy-de-Dôme) C.M.S. Taille : 2 cm chacun.

Variétés :
- Sanidine : cristaux crevassés ou fendillés à surface rugueuse ; dans les roches effusives.
- Microcline : contient une faible proportion de sodium, cristaux triclines.

Utilisation : Fabrication de la porcelaine.

MICAS

Sous le nom de micas, on comprend tout un groupe de minéraux caractérisés d'une part par une constitution chimique similaire - des silicates d'aluminium complexes contenant toujours des alcalis, généralement du potassium, et des oxydes de fer ou de magnésium -, d'autre part par un clivage parfait donnant naissance à des paillettes brillantes, très minces, flexibles et élastiques. Les cristaux tabulaires (écailles ou lamelles) sont souvent d'aspect hexagonal. Système cristallin monoclinique.
Aspect : vitreux, nacré. Trace : toujours blanche.
Dureté moyenne : 2,5. Densité : 2,7-3,3.
On distingue deux groupes principaux de micas : les micas foncés, riche en fer et en magnésium (espèce principale : la biotite) et les micas clairs, riche en aluminium (espèce principale : la muscovite).

BIOTITE

Couleur : noire, brun foncé ou brun verdâtre. Lamelles transparentes à opaques.
Constituant commun des granites, syénites, dorites, des gneiss et de certains schistes cristallins. Se transforme par altération en chlorite.
Minéraux associés : quartz, feldspaths, augite, hornblende.
Espèce voisine : la Phlogopite, un mica très magnésien, plus clair et plus jaunâtre, d'apparence cuivrée, fréquent dans les calcaires métamorphiques.

Provenance : Biotite dans pegmatite de Sainte-Marie-aux-Mines (Haut-Rhin). Taille : 10 cm.

MUSCOVITE

Couleur : incolore, mais aussi gris, vert-pâle, jaune, argenté, transparent à translucide.
Constituant des roches plutoniques acides, certains granites et les pegmatites où les lamelles peuvent atteindre quelques décimètres de taille, de micaschistes et de gneiss de métamorphisme modéré.

Minéraux associés : Quartz, feldspaths, biotite.

Espèce voisine : La Séricite, d'aspect soyeux abondant dans les schistes cristallins.

Provenance : Monts d'Ambazac (Limousin). Taille : 20 cm.

Utilisation : Autrefois : carreaux de fourneaux ; isolant en électrotechnique.

ORTHOSE ▲

BIOTITE ▲

MUSCOVITE ▼

HORNBLENDE

Minéral de la famille des Amphiboles.
Composition chimique : Silicate anhydre complexe de magnésium, calcium et fer (le taux de magnésie est supérieure à celui de la chaux).

Présentation : Cristaux monoclines, prismatiques courts, à contours hexagonaux montrant 2 clivages à 124°.
Couleur : noire en masse, vert-foncé sous faible épaisseur.
Eclat : vitreux, d'aspect corné, opaque. Trace : blanche à grise.
Dureté : 5-6. Densité : 3-3,4.
Elément essentiel des diorites, grano-diorites, syénites, gabbros, amphibolites.

PYROXENES

Les pyroxènes forment une famille de silicates largement répandus dans les roches magmatiques et renfermant selon les variétés, du Mg, Mn, Fe, Li, Ti, Al, Ca ou Na. Leur caractéristique principale est de posséder deux axes de clivage qui se recoupent presque toujours à angle droit.
On distingue dans cette famille deux groupes :
- les orthopyroxènes, pauvres en calcium, cristallisant dans le système orthorhombique,
- les clinopyroxènes qui sont monocliniques et renferment soit du calcium, soit du sodium, du fer et de l'aluminium.
Le pyroxène le plus commun est l'augite, - un orthopyroxène - de couleur vert-foncé à noire, présentant des cristaux allongés en courtes colonnes à contours octogonaux. C'est le plus important des minéraux ferro-magnésiens ; il est fréquent dans les roches magmatiques basiques (basaltes, gabbros, andésites).

NATROLITE

Composition chimique : Aluminosilicate hydraté de sodium, $Na_2 (Al_2Si_3O_{10})$, $_2H_2O$ (famille des zéolites).

Système cristallin : Orthorhombique.

Présentation : Cristaux prismatiques à acidulaires, mais aussi en croûtes et en agrégats fibreux à cassure conchoïdale.
Couleur : incolore, blanche, grise, jaune ou rouge. Transparent à translucide.
Eclat : vitreux. Trace : blanche. Dureté : 5-5,5.

Gisement : Minéral de roches magmatiques basiques, tapisse souvent les cavités basaltiques.

Provenance : Géode d'aiguilles de natrolite. Puy-de-Marman près de Clermont-Ferrand (Puy-de-Dôme) E.N.S.M.P. Taille : 10 cm.

TOURMALINE

Composition chimique : Ce terme regroupe un ensemble de variétés minéralogiques renfermant toutes de la silice, du fluor, du bore, ainsi que des éléments pouvant se remplacer l'un, l'autre : Mg, Al, Fe, Na, Li.

Système cristallin : Rhomboédrique.

Présentation : Cristaux prismatiques allongés, à section le plus souvent triangulaire dont les faces sont striées longitudinalement.
Couleur : les tournalines sont de coloration très variée : jaune, vert, rose, bleue, brune, noir ou incolore, parfois même de couleurs différentes aux extrémités. Transparent à opaque.
Eclat : vitreux. Trace : blanche.
Dureté : 7-7,5. Densité : 3-3,2.

Gisements : Minéral habituel des pegmatites granitiques (métasomatisme boreux) ; se trouve plus rarement dans les calcaires métamorphiques, les schistes et les gneiss.

Provenance : Cristal de 10 cm inclus dans une masse quartzeuse de pegmatite de Saint-Pierre-la-Bourlhone. C.M.S. (Puy-de-Dôme).

Usages : Joaillerie.

TOURMALINE ▼ NATROLITE ▲

BERYL

Composition chimique : Silicate d'aluminium et de béryllium : $Be_3Al_2(SiO_2)_6$.

Système cristallin : Rhomboédrique.

Présentation : Gros cristaux prismatiques, libres ou inclus, allongés ou trapus, souvent striés dans le sens de la longueur.
Couleur : variable suivant les variétés ; héliodore : blanche ou jaune ; aigue-marine : bleue ; émeraude : verte ; morganite : rose.
Eclat : vitreux à opaque. Trace : blanche.
Dureté : 7,5-8. Densité : 2,6-2,8.

Gisements : Dans les pegmatites, les schistes, les gneiss, les filons hydrothermaux.

Provenance : Aigue-marine des carrières de pegmatite de Chanteloube (Haute-Vienne) - plus beau gisement français -. E.N.S.M.P. Taille : 2 à 4 cm.

Usages : Joaillerie, métallurgie (alliages), matériau isolant des réacteurs nucléaires.

LEPIDOLITE

La lépidolite fait partie de la famille des micas renfermant du lithium. Ses cristaux tabulaires, disséminés sous forme de paillettes sont, le plus souvent, de couleur lilas clair. On la trouve dans les granites pegmatitiques et constitue une importante source de lithium.

MINERAUX DES FENTES ALPINES

QUARTZ

Composition chimique : Oxyde de silicium ou silice SiO_2.

Système cristallin : Rhomboédrique.

Présentation : Le quartz se présente en général sous la forme de prismes hexagonaux, terminés par des pyramides à six faces pouvant être striées perpendiculairement à leur longueur. Les cristaux sont souvent imparfaits, tandis que les macles sont rares. Transparent à translucide.
Couleur : la variété la plus commune, appelée cristal de roche est incolore ou blanchâtre (quartz laiteux). Il existe de nombreuses variétés colorées connues :
Améthyste : coloration violette.
Morion ou quartz fumé : brun-foncé à noire.
Citrine : jaune.
Quartz hématoïde : rouge.
Eclat : vitreux. Trace : blanche.
Dureté : 7. Densité : 7,65.

Gisements : Minéral le plus fréquent au monde. Il fait partie des constituants de nombreuses roches métamorphiques (gneiss, quartzite, magmatiques (granites...), sédimentaires (grès, sables...) et se rencontre également comme minéral de gangue dans les filons (fentes alpines).

Provenance : Un des plus beaux spécimens minéralogique connus de quartz maclé de la Gardette (Dauphiné) M.N.H.N.P. Taille : 20 cm.

Usages : Joaillerie, équipements optiques et électriques.

QUARTZ ▼ BERYL ▲

AGATE ▲

AGATE

L'agate est une sorte de calcédoine qui présente des couches concentriques, parfois irrégulières, diversement colorées (blanche, rouge, brune, verte, grise...). La partie centrale peut être creuse on a alors affaire à une géode qui, fendue et polie est du plus bel effet.

Provenance : Agate polie du Schlusselstein près Bergheim (Haut-Rhin). Collection privée. Taille : 12 cm.

QUARTZ FUME ou MORION

Provenance : Massif du Mont-Blanc. Taille : 16 cm.

Pour la commodité, nous présentons les variétés microcristallines de la silice (calcédoine, agate) à la suite du quartz, bien qu'elles ne fassent pas partie de la paragénèse des fentes alpines.

CALCEDOINE

La calcédoine est du quartz qui se présente en masses concrétionnées ou stalactitiques, incolores ou diversement colorées (vert, brun...). Elle s'est formée au cours de la circulation d'eau chaude riche en silice, ou directement par sédimentation de celle-ci. De ce fait, on la trouve en tapissage de cavités de roches magmatiques, en croûte ou sur la gangue de nombreux minerais.

EPIDOTES

Les épidotes constituent une famille de minéraux dont les compositions chimiques sont voisines : des silicates plus ou moins complexes de calcium, de fer, d'aluminium mais éventuellement d'autres métaux (terres rares, magnésium, manganèse) qui donnent autant de variétés, de systèmes cristallins différents, de couleurs très variées : les plus fréquentes sont vert-bouteille. Les cristaux sont presque toujours allongés, en groupes bacillaires, implantés par une face, surtout dans les roches basiques. Les épidotes sont des minéraux accessoires d'un grand nombre de roches métamorphiques et magmatiques.

Provenance : Bourg d'Oisans (Dauphiné). C.M.S. Taille : 2 cm.

EPIDOTE ▼

QUARTZ FUME ▲

MINERAUX DES FILONS HYDROTHERMAUX

FLUORINE

Composition chimique : Fluorure de calcium. CaF_2.

Système cristallin : Cubique.

Présentation : Cristaux transparents à translucides, généralement cubiques, plus rarement octaédriques ou rhombododécaédriques, mais aussi en masses compactes, concrétionnées. Macles fréquentes par pénétration de deux cubes ayant en commun une diagonale.
Couleur : incolore quand elle est pure, la fluorine est plus généralement jaune, brune, bleue, violette ou verte, rarement rose dans les Alpes. Parfois double coloration, verte par réflexion et bleue par transparence. Souvent fluorescente.
Eclat : vitreux, un peu gras. Trace : blanche.
Dureté : 4. Densité : 3,2.

Gisement : Gangue de nombreux filons métallifères (galène...), mais aussi en filons propres et dans les fentes alpines.

Provenance : Cristaux violets accompagnés de barytine blanche. Kantzlerberg près de Bergheim (Haut-Rhin). Musée de Sainte-Marie-aux-Mines. Taille : 12 cm.

Minéraux associés : Barytine, galène, quartz.

Usages :
- Minerai de fluor (acide fluorhydrique).
- Fondant en métallurgie.

Synonyme : Spath fluor.

BARYTINE

Composition chimique : Sulfate de baryum $BaSO_4$.

Système cristallin : Orthorhombique.

Présentation : Cristaux transparents ou opaques, habituellement tabulaires, parfois prismatiques, mais aussi en masses concrétionnées, globuleuses, en agrégats en éventail ou en crête de coq (Barytine crêtée), parfois fluorescents et phosphorescents à l'ultraviolet.
Couleur : incolore à blanc, souvent jaune vert, bleu-pâle, rougeâtre ou brun.
Eclat : vitreux, légèrement résineux, rarement nacré. Trace : blanche.
Dureté : 3-3,5. Densité : 4,5.

Gisements : Minéral de gangue classique des filons hydrothermaux métallifères ; également dans les dépôts résiduels de surface des eaux chaudes. (Auvergne).

Provenance : Mine de Maine (Morvan) C.M.S. Taille : 20 cm.

Minéraux associés : Calcite, fluorine et divers minerais (Ag, Pb, Cu, Zn, Fe).

Usages :
- Minerai de baryum.
- Constituant principal des boues de forage pétrolier.
- Peintures et revêtements de sols.
- Pharmacie.

DOLOMIE ou DOLOMITE

Composition chimique : Carbonate double de calcium et de magnésium $Ca, Mg(CO_3)_2$.

Système cristallin : Orthorhombique.

Présentation : Prisme à faces parfois courbes (en forme de selle).
Couleur : minéral incolore, mais aussi blanc, brunâtre ou gris.
Eclat : vitreux, perlé. Trace : blanche.
Dureté : 3,5-4. Densité : 2,8-2,9.

Particularité : Ne fait pas effervescence à froid, mais à chaud.

Gisement : Constituant de roches carbonatées sédimentaires ou métamorphiques en dérivant. Fréquent dans les filons hydrothermaux.

Provenance : Géode de 4 cm dans la houille. Merlebach (Moselle) C.M.S.

Minéraux associés : Calcite, fluorine, barytine, sidérose.

FLUORINE ▲

BARYTINE ▲

DOLOMIE ▼

SIDEROSE

Composition chimique : Carbonate de fer, $FeCO_3$.

Système cristallin : Rhomboédrique.

Présentation : Cristaux rhomboédriques présentant fréquemment des faces courbes et des bords tranchants. Mais aussi forme massive, granulaire ou fibreuse.
Couleur : jaune paille à brun-foncé.
Eclat : vitreux. Trace : blanche.
Dureté : 3,5-4,5. Densité : 3,8-4.

Particularité : Effervescence à l'acide chlorhydrique seulement à chaud.

Gisement et formation : Nodules dans les argiles et les schistes par suite de précipitations dans les milieux lacustres ou marins. Filons hydrothermaux. Pyrénées, Massif Armoricain, Lorraine.

Provenance : Groupement de rhomboèdres courbes de Vizille (Isère). Taille : 6 cm.

Minéraux associés : Barytine, calcite, calcédoine.

Usage : Minerai de fer (fer spathique).

HEMATITE **Synonyme** : Oligiste.

Composition chimique : Oxyde de fer Fe_2O_3.

Système cristallin : Rhomboédrique.

Présentation : En général agrégats compacts souvent mamillaires ou réniformes, mais aussi cristaux tabulaires ou lamellaires.
Couleur : rouge terne ou brillant en agrégats, dans les autres cas gris-acier à noir.
Eclat : métallique à reflets violacés. Trace rouge-brun.
Dureté : 5-6. Densité : 4,9-5,3.

Gisement : En bancs épais dans les terrains sédimentaires, mais aussi dans les filons hydrothermaux et les auréoles des terrains métamorphiques.

Minéraux associés : Magnétite, pyrite, quartz.

Provenance : Filons dans granite. Le Brézouard (Haut-Rhin) M.S.M. Taille : 12 cm.

Usages : Principal minerai de fer.

GOETHITE

Composition chimique : Hydroxyde de fer FeO (OH).

Système cristallin : Orthorhombique.

Présentation : En masse fibreuse, stalactitique ou terreuse, mais aussi en cristaux prismatiques allongés.
Couleur : jaune-brun à brun-noir.
Eclat : adamantin à mat. Trace : jaune-brun.
Dureté : 5-5,5. Densité : 4,3.

Gisement et formation : Précipitation dans des marais ou des lagunes, altération d'autres minéraux de fer.

Provenance : Amas (15 cm) de boules noires avec dépôt limonitique ocre. Vallée de Thann (Haut-Rhin) C.M.S.

Mineral associé : Hématite.

Usage : Important minerai de fer.

LIMONITE **Synonyme** : Hématite brune.

Sous ce terme on comprend un ensemble d'hydroxydes de fer, de formule générale FeO, OH, nH_2O, se présentant soit sous forme de rognons concrétionnés à surface noire et luisante, soit en grains dans le minerai oolithique de fer de couleur brunâtre (Minette).

SIDEROSE ▲

HEMATITE ▲

GOETHITE ▼

PYRITE

Composition chimique : Sulfure de fer FeS_2.

Système cristallin : Cubique.

Présentation : Cubes, dodécaèdres pentagonaux ou octaèdres, parfois en masses compactes. Faces souvent striées. Macles fréquentes.
Couleur : jaune laiton pâle.
Eclat : métallique. Trace : verdâtre ou gris-noir.
Dureté : 6-6,5. Densité : 5-5,2.

Gisement : La pyrite est un sulfure des plus communs, se rencontrant soit dans des filons hydrothermaux, soit dans certaines roches magmatiques ou métamorphiques de contact, soit encore en amas dans des schistes.

Provenance : Cristal de 0,8 mm implanté sur des cristaux de quartz. Vizille (Isère). C.M.S.

Minéraux associés : Hématite, chalcopyrite, blende, galène.

Usage : Fabrication de l'acide sulfurique.

MARCASITE (ou MARCASSITE)

Composition chimique : Sulfure de fer FeS_2.

Système cristallin : Orthorhombique.

Présentation : Cristaux souvent tabulaires, parfois stalactitiques ou fibro-radiaires. Les macles répétées forment des agrégats en crête de coq ou en épine.
Couleur : jaune bronze pâle.
Eclat : métallique. Trace : grise, verdâtre, brune ou noire.
Dureté : 6-6,5 (mais cassant). Densité : 4,8-4,9.

Gisement : Dans les veines métalliques ou dans des sédiments comme la craie où elle forme des boules rayonnées dont la surface se transforme par altération en limonite.

Provenance : Cristal de 2 cm de la région du Cap Blanc-Nez dans le Boulonnais. Age : Crétacé supérieur.

Minéraux associés : Pyrite, blende, galène.

RHODOCHROSITE

Composition chimique : Carbonate de manganèse $MnCO_3$.

Système cristallin : Rhomboédrique.

Présentation : Le plus souvent massive ou granulaire, parfois cristallisé en rhomboèdre ou scalénoèdres à faces lisses et courbes, à clivage parfait.
Couleur : rose pâle ou vif, gris-jaune ou brunâtre.
Eclat : vitreux. Trace : blanche.
Dureté : 4. Densité : 3,3-3,6.

Particularité : Fait effervescence à chaud avec l'acide chlorhydrique.

Gisement : Filons hydrothermaux, dépôts métasomatiques, dans certaines roches métamorphiques.

Provenance : Ariège. Taille : 3 cm.

Minéraux associés : Limonite, quartz.

Usages :
- Minerai de manganèse.
- Pierre semi-précieuse.

PYRITE ▲

MARCASITE ▲

RHODOCHROSITE ▼

CHALCOPYRITE

Composition chimique : Sulfure double de cuivre et de fer $CuFeS_2$.

Système cristallin : Quadratique, pratiquement pseudo-cubique.

Présentation : Cristaux d'aspect tétraédrique, souvent maclés, à faces fréquemment striées, à cassure conchoïdale, mais le plus souvent en masses compactes.
Couleur : jaune-laiton (plus jaune que la pyrite) à reflets verdâtres.
Eclat : métallique, se ternissant à l'air. Trace : noire ou verdâtre.
Dureté : 3,5-4. Densité : 4,1-4,3 (la chalcopyrite se distingue en outre de la pyrite par sa dureté moindre).

Gisements : Fréquent dans les filons hydrothermaux de température moyenne, mais aussi dans les gabbros et certaines roches métamorphiques.

Provenance : Cristal d'1 cm implanté dans une géode de scheelite (tungstate de calcium). Grandfontaine (Bas-Rhin). C.M.S.

Minéraux associés : Pyrite, blende, pyrrhotine, fluorine.

Usage : Principal minerai de cuivre.

Synonyme : Pyrite de cuivre.

TETRAEDRITE

Composition chimique : Sulfure de cuivre et d'antimoine $Cu_{12}Sb_4S_{13}$ (avec la proche Tennantite, $Cu_{12}As_4S_{13}$, elle constitue les cuivres gris).

Système cristallin : Cubique.

Présentation : Masse compacte ou granuleuse ou encore cristaux tétraédriques souvent maclés. Clivage difficile.
Couleur : gris-foncé à noire. Opaque.
Eclat : métallique. Trace : brune à noire.
Dureté : 3,4-4,5. Densité : 4,8-5,1.

Gisements : Gisements hydrothermaux de basse et moyenne températures.

Provenance : Groupe de 4 cm provenant de Cabrières (Hérault) E.N.S.M.P.

Minerais associés : Nombreux minerais de cuivre, d'argent, de zinc et de plomb.

Usages : Minerai de cuivre et parfois d'argent.

GALENE

Composition chimique : Sulfure de plomb PbS, pouvant contenir jusqu'à 1 % d'argent.

Système cristallin : Cubique.

Présentation : Habituellement cristaux cubiques ou octaédriques, souvent maclés par accolement ou pénétration ; également en massif. Clivage parfait suivant les trois directions, fracture en gradins. Cassant.
Couleur : gris de plomb, opaque.
Eclat : métallique, se ternissant à l'air. Trace : gris-noir.
Dureté : 2,5. Densité : 7,6.

Gisements : Largement répandu dans de nombreux gîtes minéraux. Se rencontre aussi comme minéral de substitution dans des roches carbonatées ou gréseuses.

Provenance : Sainte-Marie-aux-Mines (Haut-Rhin) M.S.M. Taille : 6 cm.

Usages :
- Principal minerai de plomb.
- Source importante d'argent.

CHALCOPYRITE ▲

TETRAEDRITE ▲

GALENE ▼

BLENDE ou SPHALERITE

Composition chimique : Sulfure de zinc, ZnS.

Système cristallin : Cubique.

Présentation : Cristaux le plus souvent tétraédriques donnant par association des sortes d'octaèdres. Egalement en masses compactes, granuleuses, parfois fibreuses.
Couleur : jaune miel à noir (suivant la teneur en fer), parfois rougeâtre.
Eclat : résineux à adamantin. Trace : jaune pâle à brun.
Dureté : 3,5-4. Densité : 3,9-4,1.

Gisements : Filons hydrothermaux, dans les pegmatites, et en imprégnation dans les roches sédimentaires.

Provenance : Cristal de 0,5 cm de la variété miel. Sainte-Marie-aux-Mines (Haut-Rhin) C.M.S.

Minéraux associés : Nombreux autres sulfures (Pb, Fe, Cu), calcite, fluorine, quartz.

Usage : Principal minerai de zinc.

PROUSTITE

Composition chimique : Sulfure d'argent et d'arsenic Ag_3AsS_3.

Système cristallin : Rhomboédrique.

Présentation : Cristaux prismatiques ou rhomboédriques ou scalénoédriques, parfois maclés, mais aussi en masses compactes.
Couleur : rouge-écarlate, transparent à translucide.
Eclat : adamantin. Trace : rouge-vif.
Dureté : 2-2,5. Densité : 5,6.

Gisements : Filons argentifères, associée à la pyrargyrite (Ag_3SbS_3).

Provenance : Sainte-Marie-aux-Mines (Haut-Rhin). Collection de Louis XVI. M.N.H.N.P. Taille : 3 cm.

Usages : Minerai d'argent.

ARGENT NATIF

Métal monovalent, de masse atomique 108, de symbole Ag.

Système cristallin : Cubique.

Présentation : Rarement en cristaux nets (cube, octaèdre, dodécaèdre maclés), le plus souvent en agrégats massifs, en filaments ou en dendrites.
Couleur : blanc argenté, parfois jaunâtre. Opaque.
Eclat : métallique, se ternissant à l'air.
Trace : blanc argenté, brillante.

Gisements : Dépôts hydrothermaux filoniens à gangue carbonatée ou siliceuse.

Minerais associés : Galène, proustite, pyrargyrite.

Provenance : Poils contournés sur une gangue de dolomie et calcite. Sainte-Marie-aux-Mines. Collection de Louis XVI. M.N.H.N.P. Taille : 4 cm.

ARSENIC NATIF

Métalloïde de symbole As, de masse atomique 75.

Système cristallin : Rhomboédrique.

Présentation : Le plus souvent en masses mamelonnées, grenues ou botryoïdales ou réniformes.
Couleur : gris-métallique si la cassure est fraîche, gris foncé à noire par altération superficielle.
Eclat : métallique. Trace : blanche.
Dureté : 3,5. Densité : 5,6-5,8.

BLENDE ▲

PROUSTITE ▲

ARGENT NATIF ▼

ARSENIC NATIF (suite)

Caractère distinctif : Odeur d'ail lorsqu'il est chauffé.

Gisements : Constituant des filons hydrothermaux. Sainte-Marie-aux-Mines (Haut-Rhin), Salsigne (Aude), Talaudière près Saint-Etienne (Loire).

Minerais associés : Argent, cobalt, nickel.

Provenance : Arsenic natif de Sainte-Marie-aux-Mines. Taille : 20 cm.

Usages : Industrie chimique, insecticide, herbicide (toxique à l'état oxydé).

REALGAR

Composition chimique : Sulfure d'arsenic AsS.

Système cristallin : Monoclinique.

Présentation : Cristaux prismatiques courts et striés (aiguilles), mais aussi agrégats granulaires ou massifs. Cassure rugueuse. S'altère à la lumière pour se transformer en orpiment.
Couleur : rouge vif à orangé, transparent à translucide.
Eclat : résineux gras ou adamantin. Trace : rouge-orangé.
Dureté : 1,5-2. Densité : 3,5.

Gisements : Dépôts hydrothermaux de basse température, dans certains calcaires et argiles.

Provenance : Matra (Corse). Taille : 10 cm.

Minéraux associés : Orpiment, stibine, cinabre.

Usage : Minerai secondaire d'arsenic.

MISPICKEL ou ARSENOPYRITE

Composition chimique : Arsénosulfure de fer FeAsS.

Système cristallin : Monoclinique.

Présentation : Cristaux prismatiques courts à faces striées. Macles fréquentes par contact, interpénétration ou cruciformes. Aussi sous formes massives ou granulaires.
Couleur : blanc argenté vif ou gris, avec ternissement brunâtre.
Eclat : métallique. Trace : gris-noir.
Dureté : 5,5-6. Densité : 5,9-6,2.

Gisements : Dans les filons hydrothermaux de température élevée (il est un des premiers sulfures à cristalliser) ; également dans les filons stannifères ou de quartz aurifères ; enfin dans certains schistes et calcaires et dans des roches métamorphiques de contact.

Usage : Principal minerai d'arsenic.

ORPIMENT

Composition chimique : Sulfure d'arsenic $A_{12}S_3$.

Système cristallin : Monoclinique.

Présentation : En général masses foliacées ou granulaires d'aspect strié ; rarement cristallisée.
Couleur : jaune citron à jaune brun, transparent ou nacré.
Eclat : résineux à perlé. Trace : jaune.
Dureté : 1,5-2. Densité : 3,5.

Gisements : Minéral de dépôts hydrothermaux de basse température ; sources chaudes. Produit d'altération du réalgar.

Provenance : Lucéram (Alpes maritimes). Taille : 2 cm.

Usages : Minerai d'arsenic.

ARSENIC NATIF ▲

REALGAR ▲

ORPIMENT ▼

CASSITERITE

Composition chimique : Oxyde d'étain, SnO_2 (Pierre d'étain).

Système cristallin : Quadratique.

Présentation : Cristaux courts, prismatiques ou pyramidaux, mais aussi en massifs granuleux, en croûtes fibreuses ou en galets roulés. Macles fréquentes.
Couleur : brun-rouge à noire, transparent à opaque.
Eclat : adamantin. Trace : blanche, grise ou brune.
Dureté : 6-7. Densité : 7.

Gisements : Minéral de haute température, se trouve dans les filons de pegmatite où les accompagnent les minéraux fluorés, ou dans les filons hydrothermaux. Bretagne.

Provenance : Macle en roue de 3 cm et prisme non maclé (2 cm). La Villeder (Morbihan).

Minéraux associés : Tourmaline, arsénopyrite, topaze.

Usage : Principal minerai d'étain.

STIBINE

Composition chimique : Sulfure d'antimoine, Sb_2S_3 (antimonite).

Système cristallin : Orthorhombique.

Présentation : Cristaux prismatiques allongés, souvent en aiguilles à pointes pyramidales, en gerbes ou en masses columnaires ou radiaires. La stibine est fragile, clivable et très fusible (flamme d'une bougie).
Couleur : gris-acier à gris-de-plomb. Opaque.
Eclat : métallique. Trace : grise.
Dureté : 2. Densité : 4,5.

Gisements : Filons hydrothermaux et filons quartzifères, liés aux roches magmatiques acides. Cantal.

Provenance : Gerbe de 8 cm de cristaux de stibine sur quartz. Filons antimonifères du Cantal. C.M.S.

Minéraux associés : Autres minérais métalliques : pyrite, blende, sulfo - sels de plomb.

OR NATIF

Métal précieux de symbole Au et de masse atomique 97.

Système cristallin : Cubique.

Présentation : Très rarement en cristaux, le plus souvent en paillettes ou en grains irréguliers, soit alluvionnaires, soit en inclusion dans le quartz, parfois en masses arrondies plus conséquentes (pépites). Cassure rugueuse.
Couleur : jaune d'or ; jaune pâle si présence d'argent.
Eclat : métallique. Trace : jaune d'or.
Dureté : 2,5-3. Densité : 15,5-19,3 s'il est pur.

Gisement : Filons hydrothermaux, associé au quartz et à des sulfures dont la pyrite ; gisements alluvionnaires issus de massifs magmatiques.

Provenance : Or sur quartz : alluvion du Rhin trouvé à Strasbourg. Taille : 7 cm.

Usages : Monnaies, joaillerie, bijouterie, instruments scientifiques.

CASSITERITE ▲

STIBINE ▲

OR NATIF ▼

MINERAUX DES ZONES D'OXYDATION

PYROMORPHITE

Composition chimique : Chlorophosphate de plomb $Pb_5Cl(PO_4)_3$.

Système cristallin : Hexagonal.

Présentation : Cristaux prismatiques, souvent en forme de barillets, parfois creux, mais aussi en agrégats. Globuleux ou réniformes.
Couleur : verte ou brune, parfois blanche, beige, rouge ou incolore.
Eclat : résineux à adamantin. Trace : blanche à jaunâtre.
Dureté : 3. Densité : 6,7-7,2.

Gisement : Se trouve dans les zones d'oxydation de gites sulfurés (galène, blende) Massif Central, Bretagne, Vosges.

Provenance : Célèbre gisement de Huelgoat (Finistère). C.M.S. Taille : 4 cm.

Usage : Minerai de plomb.

CERUSITE

Composition chimique : Carbonate de plomb $PbCO_3$.

Système cristallin : Orthorhombique.

Présentation : Cristaux aplatis ou prismatiques, parfois pyramidaux, mais aussi en massifs compacts, parfois granuleux, à cassure conchoïdale. Macles fréquentes.
Couleur : blanche, parfois jaunâtre. Transparent à translucide.
Eclat : résineux à adamantin. Trace : blanche.
Dureté : 3-3,5. Densité : 6,5.

Gisement : Dans les filons plombifères.

Provenance : Cristaux maclés en roue ou en cœur de La Croix-aux-Mines (Vosges). C.M.S. Taille : 4 cm.

MALACHITE

Composition chimique : Carbonate de cuivre hydraté $Cu\,CO_3$, $Cu\,(OH)_2$.

Système cristallin : Monoclinique.

Présentation : En général sous forme de masses mamelonnées, fibroradiées, présentant une zonation de diverses nuances. Cassure conchoïdale. Très rarement sous forme de cristaux.
Couleur : vert-émeraude à vert-noir. Opaque.
Eclat : terne à soyeux, vitreux pour les cristaux. Trace : vert-pâle.
Dureté : 3,5-4. Densité : 3,9-4.

Gisements : Se trouve dant les zones d'oxydation des filons cuprifères ; remplace par pseudomorphose l'azurite.

Provenance : Gerbe radiée de 2 cm avec quartz et goethite. Vallée de Thann (Haut-Rhin).

Usages :
- Minerai de cuivre.
- Joaillerie (pierre d'ornement).

PYROMORPHITE ▲

CERUSITE ▲

MALACHITE ▼

AZURITE

Composition chimique : Carbonate de cuivre hydraté $2CUCO_3, Cu(OH)_2$.

Système cristallin : Monoclinique.

Présentation : Cristaux prismatiques, courts, trapus, en général mal formés, mais aussi en agrégats compacts, terreux. Cassure conchoïdale.
Couleur : bleu-azur intense. Transparent à opaque.
Eclat : vitreux, aclamantin. Trace : bleu-ciel.
Dureté : 3,5-4. Densité : 3,8.

Gisements : Dans les zones d'oxydation des filons cuprifères.

Provenance : Cristaux de 0,5 à 1 cm. Chessy (Rhône) C.M.S.

Minéraux associés : Malachite, chrysocolle, limonite.

Usage : Minerai secondaire de cuivre.

SMITHSONITE ou CALAMINE

Composition chimique : Carbonate de zinc $ZnCO_3$.

Système cristallin : Rhomboédrique.

Présentation : Le plus souvent en masses botryoïdales, réniformes ou stalactitiformes, plus rarement en cristaux à faces rugueuses et courtes.
Couleur : grisâtre, mais aussi verte, jaune ou brune. Translucide.
Eclat : vitreux. Trace : blanche.
Dureté : 4-4,5. Densité : 4,3-4,5.

Gisements : Dans les zones d'oxydation des filons zincifères.

Provenance : Cristaux rhomboédriques légèrement colorés par le cuivre. Chessy (Rhône). E.N.S.M.P. Taille : 1 cm.

Minéraux associés : Malachite, pyromorphite, cérusite.

Usage : Minerai de zinc.

AUTUNITE ou URANITE

Composition chimique : Phosphate d'uranium et de calcium $Ca (UO_2)_2 (PO_4)_2$, $10 H_2O$.

Système cristallin : Quadratique.

Présentation : Cristaux tabulaires carrés ou en lamelles ou encore en croûtes.
Couleur : jaune-citron à jaune de soufre, transparent à translucide.
Dureté : 2-2,5. Densité : 3,1-3,2.

Caractère distinctif : Fortement fluorescent en lumière ultra-violette (teinte jaune-vert).

Gisement : Minéral d'oxydation ou d'altération des gites d'uranium (filons hydrothermaux).

Provenance : Cristaux des environs d'Autun (Morvan). Taille : 6 cm.

CYANOTRICHITE

La photo qui illustre la couverture avant de cette plaquette est celle d'une cyanotrichite.
Ce minéral, un sulfate double de cuivre et d'aluminium, cristallise dans le système orthorhombique. Il se présente sous la forme de boules de fibres radiées, d'agrégats laineux ou encore d'un feutrage de fines aiguilles souples de couleur bleu-azur.
Il s'agit d'un minéral rare, mais est un grand classique de la minéralogie française. L'échantillon qui se présente sous la forme de houppes centimétriques provient de la Mine de Cap Garonne (Var) réputée pour ses placages de cyanotrichite.

AZURITE ▲

SMITHSONITE ▲

AUTUNITE ▼

TABLE DES MATIERES